SUR GRIN VOS CONNAISSANCES
SE FONT PAYER

- Nous publions vos devoirs et votre thèse de bachelor et master

- Votre propre eBook et livre – dans tous les magasins principaux du monde

- Gagnez sur chaque vente

Téléchargez maintentant sur www.GRIN.com
et publiez gratuitement

Bibliographic information published by the German National Library:

The German National Library lists this publication in the National Bibliography; detailed bibliographic data are available on the Internet at http://dnb.dnb.de .

Imprint:

Print and binding: Books on Demand GmbH, Norderstedt Germany
ISBN: 9783668760646

This book at GRIN:

https://www.grin.com/document/428538

Houcine Bellil

Système Nationale CEIR -N de lutte contre le vol et la contrefaçon des terminaux mobiles

Étude de cas de la Tunisie

GRIN Verlag

SYSTEME NATIONAL CEIR-N DE LUTTE CONTRE LE VOL ET LA CONTREFAÇON DES TERMINAUX MOBILES

MODELE STRATEGIQUE DE LA TUNISIE

Services antivol, anti contrefaçon et anti marché parallèle

RÉSUMÉ

Afin d'optimiser la sécurité et la QoS d'un réseau mobile national, et de protéger les consommateurs des dangers des terminaux mobiles non-conformes, ainsi que de lutter efficacement contre le vol et la contrefaçon de ces terminaux mobiles, il est aujourd'hui nécessaire pour chaque pays, de mettre en place un système numérique national d'identification des terminaux mobiles (CEIR-N).

Houcine BELLIL

Instance Nationale des Télécommunications de Tunisie

Sommaire

Préambule

Le marché mobile mondiale souscrit fin 2016 presque 7,4 milliards d'abonnements mobiles, soit quasiment la totalité de la population mondiale, selon les estimations de l'UIT[1], pour un taux de pénétration de 99,7%. Le marché approche la saturation, (Figure n°1).

Le Terminal Mobile (T_M) « Smartphone, IPhone, tablette…» offre de formidables opportunités à l'être humain, il est devenu un outil particulièrement utile, tant en milieu privé que professionnel. Des controverses existent cependant quant à son nocuité sous plusieurs aspects, son état de non-conformité, de non-homologation, ou de contrefait, ou même lorsqu'il est subtilisé ou volé à son possesseur, etc.

De ce fait, la contrefaçon et le vol des produits TIC et en particulier les Terminaux mobiles sont devenus un problème socio-économique qui prend de plus en plus d'ampleur dans le monde en tiers.

Aujourd'hui, il est évident que des efforts en matière de répression ne suffiront pas à le contrôler il convient donc d'explorer de nouvelles pistes, créatives et automatiques pour faire faces à ce problème. Des mesures et des solutions informatiques potentielles sont adoptées dans certains pays.

Ce rapport propose en présentant une description détaillée d'un projet de modèle stratégique national pour pouvoir lutter contre le phénomène de vol et de la contrefaçon ou de la non-homologation des Terminaux mobiles sur le marché des télécommunications Tunisien.

Ce modèle stratégique sera constitué par deux phases essentielles et importantes, l'une portant sur la mise en place des mesures et d'une solution ou système technologique nationale pour lutter contre ce phénomène de vol et de la contrefaçon ou de la non-homologation des Terminaux mobiles, et l'autre phase, qui peut se lancer en amont ou en parallèle, consiste à informer et assurer les consommateurs en lançant un plan de communication et de sensibilisation efficace.

Le principe fondamental de ce système technologique central et nationale d'antivols et d'anti-contrefaçon des Terminaux mobiles, se base essentiellement sur la gestion de leurs identités internationale d'équipements mobiles, appelé IMEI (*International Mobile Equipment Identity).*

L'IMEI est un numéro qui permet d'identifier de manière unique chacun des terminaux de téléphonie mobile GSM/UMTS/LTE.

---

[1] UIT : Union Internationale des Télécommunications

Différents processus technique seront proposés et analyser, selon chaque état ou « statut » de l'IMEI des Terminaux mobiles, ainsi que selon leurs cas de présence sur les réseaux mobiles tunisien (ex. achat d'un nouveau terminal mobile, ou être emmené de l'étranger ou autres), etc.

Bien que le phénomène soit difficile à quantifier, cette description sera aussi moyennée d'une analyse de notre marché télécom mobile concernant en particulier les équipements ou les terminaux mobiles de nouvelles générations introduites dans notre marché d'une façon légale ou illégale ou autres.

Par ailleurs, un aperçu de plusieurs initiatives prises au niveau international pour enrayer le phénomène du vol et de la contrefaçon de ces Terminaux mobiles, sera présenté.

Ce rapport couvre aussi un large éventail de thèmes pertinents, notamment concernant l'ampleur dudit phénomène et les différents niveaux de risques pour la société, les consommateurs, les gouvernements, les opérateurs, constructeurs et autres acteurs, etc.

I. Contexte générale

Le marché parallèle de la contrefaçon et le vol des équipements terminaux de télécommunications ou Terminaux mobiles sont devenues un phénomène mondial aux conséquences économiques et sociales graves. La lutte contre ceux-ci est plus que jamais d'actualité.

Aujourd'hui, la fraude au niveau des terminaux mobiles est un vrai défi mondial grandissant pour les opérateurs mobiles, les consommateurs et les gouvernements. Les appareils frauduleux incluent les téléphones volés, les téléphones avec de faux numéros de série (*IMEI*), les appareils mobiles importés illégalement et les téléphones ayant des numéros de série dupliqués (*IMEI*).

Ces terminaux menacent la santé et la sécurité des consommateurs et compromettent la sécurité nationale. En plus, ils privent chaque année les Trésors des Etats d'énormes revenus.

Dans ce rapport, on entend par "terminal mobile, T_M" un combiné ou téléphone ou terminal mobile «Smartphone ou IPhone) et tablette ou tout autre équipement terminaux mobiles d'utilisateur final d'un réseau de télécommunication doté d'un identificateur international « IMEI » et pouvant être identifié dans le réseau au moyen de ce code.

Ces dernières années ont vu exploser la fabrication, la distribution et la vente des Terminaux mobiles destinés au marché noir, appelés terminaux ou téléphones mobiles contrefaits ou de qualité inférieure. Bien que ce problème soit à l'origine d'importantes conséquences négatives pour la société, la majorité des pays n'en saisissent pas encore toute l'ampleur et la nature. Trouver des solutions efficaces à ce phénomène reste pour eux un défi de taille étant donné les efforts d'innovation et de créativité déployés par les personnes et organisations impliquées dans cette activité illicite en vue de se soustraire aux mesures légales ou visant à faire respecter la loi.

Malgré la gravité du problème, ces pays disposent actuellement de très peu de ressources leur permettant de le comprendre et les aidants à développer des solutions technologiques efficaces et appropriées.

Les consommateurs restent par ailleurs insuffisamment informés des risques liés à l'achat de ces Terminaux mobiles sur le marché noir. De plus, depuis l'apparition des smartphones et IPhones, etc., on ne peut nier que le vol de ceux-ci est devenu un réel problème dans le monde entier. Loin de prendre à la légère ou d'ignorer ce problème, [1] [12].

Ces T_M nous servent certes pour communiquer, mais aussi pour le travail, les divertissements et d'autres fonctionnalités usuelles qui nous facilitent la vie. (GPS, plans, horaires etc...). Ces outils qui sont devenus indispensable, ils représentent un formidable progrès.

En 2016, pour la première fois dans le monde, l'usage des Terminaux mobiles dans une connexion Internet dépasse celui des PC de bureau et des ordinateurs portables.

Lorsqu'un T_M est ainsi subtilisé ou volé à son possesseur, il est possible pour ce dernier d'empêcher son usage frauduleux en bloquant la carte SIM, présente dans le terminal, ce qui empêche le détenteur de ce dernier d'effectuer, comme-même, des appels sur le compte du propriétaire. Mais le voleur dispose encore en principe de la faculté d'insérer une autre carte SIM dans l'appareil mobile en question pour pouvoir utiliser celui-ci.

C'est pourquoi, auparavant, la Norme GSM a prévu la mise en œuvre facultative par les opérateurs concernés d'un système appelé EIR (Equipment Identity Register) ; il s'agit d'une base de données dans laquelle peuvent être répertoriés les numéros d'identification IMEI des équipements terminaux GSM volé en vue d'empêcher leur utilisateur sur le réseau en question.

L'EIR se comporte comme un registre d'identification des équipements qu'utilisent les abonnés. Pour la simple raison que le terminal mobile peut recevoir n'importe quelle carte SIM, ce qui offre une grande possibilité de vol, l'idée est venue de donner une identification unique à un terminal mobile. Celle-ci permet de repérer le terminal volé ou perdu et de le protéger ou de l'altérer à partir des gestionnaires du réseau. Il s'agit, comme on a cité ci-dessus, de la norme *International* « IMEI ».

L'IMEI d'un terminal mobile est toujours indépendant du numéro de l'abonné. Il permet de désactiver un équipement volé, d'identifier un terminal mobile de la contrefaçon et d'autoriser les appels d'urgence en cas d'absence de la SIM. Cet identifiant, qui est un facteur de base et essentiel dans notre étude, sera détaillé plus loin dans le rapport.

Concernant les équipements EIR, et étant donné que la mise en place de ceux-ci est optionnel d'après la norme GSM, les opérateurs,   généralement, ne le mets pas en place, et le considère qu'il ne remplit pas leurs objectifs et ralenti éventuellement leurs business-plan, etc.

Mais, comme les terminaux mobiles sont devenus plus sophistiqués et plus coûteux, ils sont devenus aussi plus attrayants pour les voleurs. De plus, vu la dimension internationale du système GSM et du trafic d'appareil mobile volé et de la contrefait, la communauté mondiale des opérateurs de réseaux GSM regroupées au sein de la GSM association « GSMA » a décidé, comme-même, de mettre en œuvre un système centrale CEIR (Central Equipment Identity Register), hébergé à Dublin en Irlande. Ce dernier permettant à tous les opérateurs la disponibilité d'obtenir la liste des IMEI des appareils GSM signalés dans le monde entier, comme ayant été volé, afin d'en interdire l'accès à leurs réseaux.

Par ailleurs, le marché de vente mondiale des Terminaux mobiles et en particuliers les smartphones et les IPhones a enregistré en 2016, une progression de 2.3% contre un peu plus de 10% en 2015. D'après la littérature, 2016 est une année mémorable, mais 2017 sera légèrement meilleure avec une croissance attendue de 4,2%. Au total, presque 1,5 milliard de smartphones ont été écoulés dans le monde en 2016, [1] [4] [7].

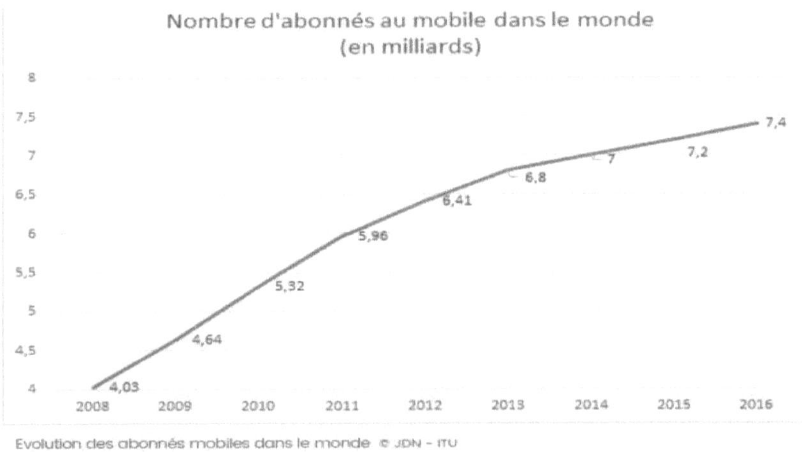

*Figure n°1: **Le marché mobile mondial***

Ainsi, la contrefaçon des terminaux mobiles responsable d'une perte de 45,3 milliards d'Euro à l'échelle mondiale en 2015. Un rapport établi par l'Office de l'Union Européenne pour la Propriété Intellectuelle (EUIPO) en collaboration avec l'UIT estime que l'industrie légitime a vendu presque 184 millions de Smartphones en 2015, en raison de la présence du marché d''appareils issus de la contrefaçon. Ce rapport estime aussi qu'en 2015, 12,9 % des ventes légitimes de Smartphones ont été perdues au niveau mondial.

Dans l'Union Européenne (UE), 150 millions d'unités ont été vendues en 2015, ce qui correspond à une unité pour un citoyen européen sur trois. Les contrefaçons au sein de l'UE-28 sont estimées à 14 millions d'unités en 2015, ce qui correspond à 8,3 % des ventes du secteur, à savoir 4,2 milliards d'Euro.

Si l'on s'appuie sur les données disponibles dans d'autres régions du monde, la contrefaçon a entraîné, en 2015, des pertes en termes de ventes de 21,3 % en Afrique, de 19,6 % en Amérique latine, de 17,4 % dans les pays arabes, de 15,6 % en Chine, de 11,8 % dans la région Asie-Pacifique et de 7,6 % en Amérique du Nord. La Chine est touchée par un tiers des pertes mondiales totales de revenus dans le secteur des smartphones, [6] [11].

Ses estimations selon lesquelles 12,9 % des ventes légitimes de Smartphones ont été perdues au niveau mondial en 2015 peuvent constituer un puissant message à l'attention des responsables politiques et de tous ceux qui œuvrent pour lutter contre la contrefaçon dans le monde entier.

En Tunisie le marché parallèle de la contrefaçon ou de non-homologation des Smartphones représente, aujourd'hui, presque 45% des ventes.

Ce fléau affecte la croissance économique ainsi que la santé des consommateurs. Il est de la responsabilité des Etats à travers ses organes «ex. Ministères TIC ou Régulateurs » de prendre des mesures sérieuses et efficaces pour protéger les consommateurs contre ce fléau dangereux de vol, du marché parallèle de la contrefaçon des Terminaux mobiles, d'assurer la sécurité nationale, ainsi que de de lutter contre l'évasion fiscale, etc.

II. Fléaux de la contrefaçon et de vol des Terminaux mobiles

II.1. Qu'est-ce que la contrefaçon en générale ?

Généralement, la contrefaçon dans le domaine des TIC spécifiant, l'accord de l'OMC[2] sur les aspects des droits de propriété intellectuelle, qui touchent au commerce définit l'expression "marchandises de marque contrefaites ou pirates. Cette expression portant atteinte au droit d'auteur s'entend de "toutes les copies faites sans le consentement du détenteur du droit ou d'une personne dûment autorisée par lui dans le

[2] OMC: Organisation Mondiale du Commerce

pays de production et qui sont faites directement ou indirectement à partir d'un article dans les cas où la réalisation de ces copies aurait constitué une atteinte au droit d'auteur ou à un droit connexe en vertu de la législation du pays d'importation". Le terme "piratage" désigne donc une atteinte au droit d'auteur ou à un droit connexe au sens de l'Accord (ADPIC[3]), [3] [4]

La contrefaçon met en danger le profit des producteurs, et donc les emplois. Il en résulte une perte de revenus fiscaux pour tous les Etats. En outre, certains produits contrefaits sont dangereux pour la santé et la sécurité de nos citoyens.

Généralement, lutter contre la contrefaçon, c'est protéger le consommateur autant que les entreprises, c'est aider l'emploi et les finances publiques. Les gouvernements sont de plus en plus sensibles à l'importance de la lutte contre ce fléau, même dans les pays producteurs.

Dans le secteur des TIC, le problème de la contrefaçon prend de plus en plus d'ampleur, sous l'effet notamment de la croissance des Terminaux mobiles en particulier concernant les terminaux mobiles. Les Terminaux TIC de contrefaçon ou non conformes ou non non-homologués peuvent avoir des retombées négatives importantes pour le secteur privé, en ce sens qu'ils entraînent un manque à gagner, une dépréciation de la valeur de la marque commerciale et une diminution de la confiance des consommateurs, et pour les pouvoirs publics, en ce sens qu'ils se traduisent par une perte de recettes et de droits de douane et d'une diminution des recettes fiscales.

La contrefaçon peut par ailleurs présenter des risques graves pour la santé, la confidentialité et la sécurité, tout en entraînant une baisse de la qualité de fonctionnement et une détérioration de la qualité de service pour les consommateurs. Il ressort clairement des exposés présentés dans des études y afférentes, qu'il est nécessaire de rassembler, d'analyser et de diffuser davantage de données factuelles et empiriques quant à la nature et aux conséquences des produits de contrefaçon ou non conformes, non seulement pour mieux appréhender l'ampleur du problème, mais aussi pour trouver des solutions permettant d'y faire face.

II.2. Différence entre les téléphones mobiles contrefaits et de qualité inférieure

Bien qu'il existe davantage de similarités que de distinctions entre les téléphones mobiles contrefaits et de qualité inférieure, il est important pour les gouvernements de saisir la différence. Les téléphones contrefaits et de qualité inférieure partagent les principales caractéristiques suivantes : ils portent probablement un numéro IMEI non valable ; ils permettent d'éviter le paiement de redevances de brevets aux détenteurs légitimes des droits de propriété intellectuelle ; ils contiennent des jeux de

[3] ADPIC Accord sur les aspects des droits de propriété intellectuelle qui touchent au commerce

puces et autres composants de qualité inférieure ou d'occasion ; enfin, ils ne respectent pas les exigences légales en vigueur pour la vente et la distribution de ce type d'appareils.

Il existe cependant une différence de taille entre ces deux sous-catégories de téléphones mobiles au marché noir, différence que les gouvernements doivent impérativement comprendre car elle met en avant la nécessité d'élaborer des solutions adaptées pour contrôler la distribution de ceux-ci.

Un téléphone portable contrefait est un produit qui enfreint explicitement les droits relatifs à la marque déposée ou la conception d'un produit original ou authentique. Il reproduit la marque déposée, la forme et/ou le packaging d'une marque originale bien connue. En d'autres termes, un téléphone portable contrefait est une copie identique ou similaire au produit d'origine (en ce qu'elle reproduit la marque déposée ou le design) ; pour toutes les fonctions pratiques, il peut être considéré comme une « imitation » du produit « de marque » original.

Un téléphone mobiles de qualité inférieure, par contre, appartient à une catégorie de téléphone susceptible de ressembler à une marque originale, mais se distinguant suffisamment pour être difficilement assimilé, sans aucune doute possible, à une « contrefaçon ». Les téléphones mobiles de qualité inférieure comprennent notamment : les « produits blancs » dont la forme s'apparente à celle du produit authentique mais sur lesquels n'apparaît pas de marque explicite (c'est-à-dire qu'ils ne copient pas explicitement une marque légitime, mais ne portent pas non plus de marque propre) et les produits « Small Brand » portant une marque inconnue ou très peu connue et tentant de copier d'autres marques ou la forme de produits originaux. Il est cependant important que les gouvernements comprennent qu'au-delà de l'apparence, les téléphones portables de qualité inférieure et contrefaits sont fondamentalement identiques sous tous leurs autres aspects. Or, les autorités gouvernementales ont tendance à se concentrer uniquement sur les contrefaçons alors que dans les faits, les téléphones portables de qualité inférieure posent les mêmes défis sociaux, [2] [4].

Tous les identifiants créés par des fabricants réels de produits peuvent faire l'objet d'une utilisation abusive par des contrefacteurs, qui cherchent à tromper les consommateurs et les autorités en leur faisant croire que leur produit est authentique. Ce problème, qui ne concerne pas seulement les TIC, se pose fréquemment dans de nombreux secteurs d'activité. Il faut garder à l'esprit que les mécanismes d'identification et les Terminaux de sécurité qui s'y rapportent deviendront une cible pour les contrefacteurs et les cyber-délinquants.

Les logos d'homologation et les icônes ainsi que les identifiants électroniques sont souvent détournés à dessein, afin d'éviter les contrôles douaniers et les vérifications effectuées par les services de répression aux frontières. Cette situation est source de problèmes pratiques pour les fabricants, les consommateurs, les agents des douanes et les services chargés de l'application de la loi, qui éprouvent des difficultés à distinguer les fausses marques d'identification des marques authentiques, avant même d'avoir contrôlé le produit lui-même.

II.3. Problème de la quantification des terminaux mobiles contrefaits ou de qualité inférieure destinés au marché noir

Comme pour trafic de produits illicites, il est difficile de déterminer l'ampleur exacte du marché noir dans le secteur des terminaux mobiles. En effet, de nombreux terminaux illégaux sont vendus sur des « marchés noirs », d'où la difficulté inhérente de déterminer la taille exacte du marché pour ces produits. Une étude réalisée par « ARCchart » fournit cependant un point de départ permettant de déterminer l'ampleur potentielle du phénomène. L'étude conclut qu'en 2013, le nombre d'appareils contrefaits ou de qualité inférieure vendus dans le monde était de 148 millions. Selon « ARCchart », l'Asie-Pacifique est la région où ces appareils prolifèrent le plus, suivie du Moyen Orient et de l'Afrique, de l'Amérique du Nord, de l'Europe de l'Est, de l'Amérique latine et centrale et de l'Europe de l'Ouest.

De plus, l'Organisation de Coopération et de Développement Economiques (OCDE) affirme qu'en 2016, un smartphone sur cinq vendu dans le monde était un faux. En pourcentage, presque 10% des produits high-tech vendus dans le monde en 2016 étaient des faux. Une situation alarmante puisqu'en 2012, ce chiffre était de l'ordre de 3% soit une augmentation de 7% en seulement 4 ans. « Tous les produits high-tech sont touchés, clé USB, cartes mémoires, ordinateurs, tablettes, consoles, smartphones … La plupart de ces produits contrefaits viennent d'Asie », [4] [6] [9].

La contrefaçon montre ici son vrai visage : une source facile pour blanchir de l'argent et, souvent, financer des réseaux criminels organisés en parallèle, parfois à but terroriste. Un autre visage de la contrefaçon est le sort que celle-ci réserve aux entreprises innovantes, aussi bien dans les pays développés que dans les Etats en développement : ces derniers se voient privés des moyens de rentabiliser leurs investissements et doivent renoncer à de nouveaux projets.

En restreignant le progrès et la compétitivité des entreprises, la contrefaçon réduit la croissance et empêche la création d'emplois, ce qui est une catastrophe en période de crise.

Ces Terminaux mobiles d'origine inconnue ne répondaient pas, pour la plupart, aux normes internationales, tant sur le plan des caractéristiques techniques que sur celui de la sécurité. Il faut que les gouvernements imposent des mesures visant à protéger leurs marchés des télécommunications mobiles contre l'importation illicite de terminaux mobiles non autorisés ou de mauvaise qualité.

II.4. Conséquences de la contrefaçon d'équipements et de composants TIC

Les équipements TIC de contrefaçon ont pour la société des conséquences particulières, que n'ont pas nécessairement d'autres types de violations des droits de propriété intellectuelle. Ainsi, en général, les produits de contrefaçon n'auront pas été testés en bonne et due forme, ni homologués conformément aux prescriptions réglementaires susceptibles d'être applicables dans un pays.

L'utilisation des produits de contrefaçon peut être extrêmement dangereuse. Il a été, par exemple, signalé des cas de décès suite à l'explosion de batteries de contrefaçon, des cas d'électrocution et d'incendie dus à des chargeurs ainsi que des cas avérés dans lesquels ces Terminaux mobiles contenaient des substances dangereuses dans des concentrations importantes (plomb et cadmium par exemple), (Figure n°2).

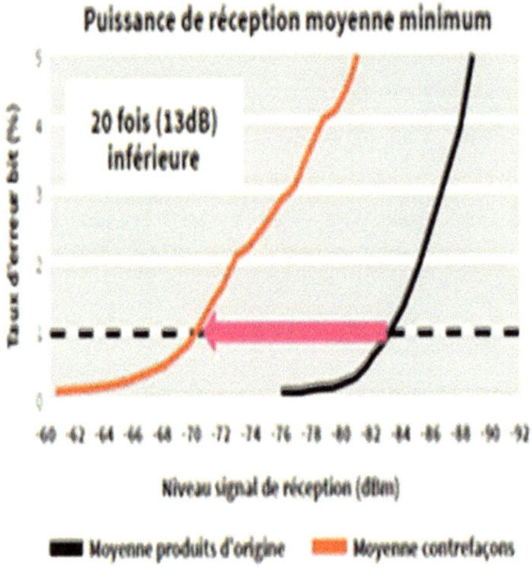
Puissance de réception moyenne minimum
20 fois (13dB) inférieure
Taux d'erreur bit (%)
Niveau signal de réception (dBm)
Moyenne produits d'origine
Moyenne contrefaçons

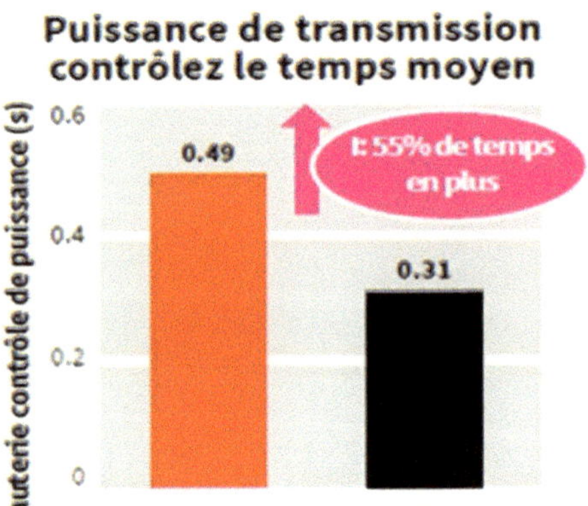
Puissance de transmission contrôlez le temps moyen
Minuterie contrôle de puissance (s)
0.6
0.4
0.2
0
0.49
0.31
55% de temps en plus
Moyenne contrefaçons
Moyenne produits d'origine

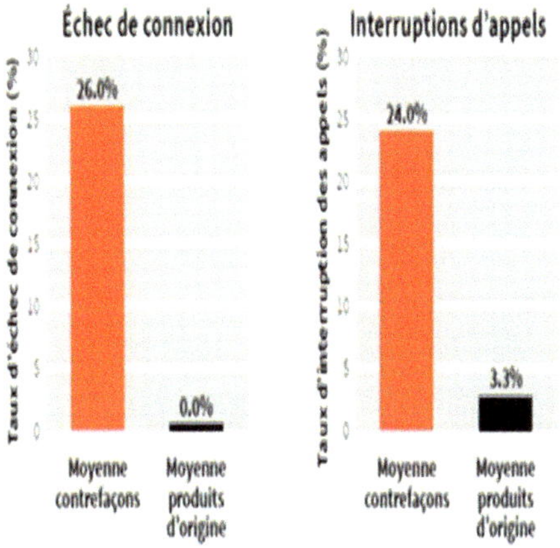

Figure n°2: Conséquences de la contrefaçon des TM

Sous l'angle des incidences socio-économiques, la contrefaçon risque fort d'avoir des retombées négatives sur l'innovation, les niveaux d'investissement étranger direct, la croissance de l'économie et le taux d'emploi, et d'entraîner une réorientation des ressources vers les réseaux du crime organisé.

La contrefaçon aura probablement des conséquences économiques sur les titulaires de droits, étant donné que les volumes des ventes et les redevances, les prix, l'image et la réputation de la marque, les coûts ainsi que le champ d'application des activités s'en trouveront affectés.

Il se peut également que les consommateurs constatent que la qualité des produits de contrefaçon est Inférieure à la norme et soient confrontés à des risques graves pour la santé et la sécurité.

Les gouvernements seront privés d'une partie de leurs recettes fiscales et risquent d'être confrontés à des problèmes de corruption, qui les obligeront à mobiliser davantage de ressources pour contrer le phénomène de la contrefaçon.

Le phénomène de la contrefaçon des téléphones mobiles a de nombreuses conséquences négatives pour la société, les consommateurs et les gouvernements [1, 3, 11], à savoir :

- baisse de la qualité des services de télécommunications mobiles, qui influe à son tour sur l'expérience-utilisateur et l'expérience-entreprise ;

- risque de sécurité pour les consommateurs, en raison de l'utilisation de composants ou de matériaux défectueux ou inappropriés ;
- menaces accrues sur la cybersécurité ;
- risques pour la vie privée des consommateurs ;
- dégradation de la sécurité des transactions numériques ;
- le non-paiement des taxes et des droits applicables, ce qui a des conséquences négatives sur les recettes fiscales ;
- les consommateurs les plus vulnérables sur le plan financier sont pénalisés, en ce sens qu'aucune garantie ne leur est offerte ou encore que les lois relatives à la protection des consommateurs ne sont pas respectées ;
- risques pour l'environnement et la santé des consommateurs, en raison de l'utilisation de substances dangereuses dans la fabrication de ces Terminaux ;
- la contrefaçon facilite le trafic de stupéfiants et favorise le terrorisme ainsi que d'autres activités criminelles au niveau local ou international ;
- la distorsion du marché créée par les pratiques de concurrence déloyale et les pratiques frauduleuses entraînent un préjudice économique ;
- la contrefaçon porte atteinte aux marques de commerce des entreprises qui fabriquent les produits d'origine.

Une étude menée par l'Institut technologique de Nokia (INdT), organisme indépendant de recherche-développement basé au Brésil, a confirmé la qualité médiocre des téléphones de contrefaçon et les incidences négatives qu'ils pouvaient avoir sur les consommateurs, les exploitants de télécommunication et l'activité économique locale. Cette étude portait sur 44 téléphones mobiles contrefaits ou de qualité inférieure, qui ont été comparés avec des téléphones d'origine et homologués. L'étude a démontré que les téléphones contrefaits enregistraient des résultats largement inférieurs aux téléphones d'origine, avec 26% d'échecs de connexion et 24% d'interruptions d'appel.

En outre, dans les lieux où un téléphone d'origine pouvait parfaitement fonctionner, les téléphones de contrefaçon n'étaient pas utilisables en raison de leur qualité de transmission inférieure par rapport aux téléphones d'origine. Des problèmes de transfert de cellules (transfert automatique de la communication lors du passage d'une cellule à l'autre) ont également été signalés, le délai de transfert étant supérieur de 41% à celui des téléphones d'origine, avec un taux d'échec de transfert des appels de 34%. [12, 13]

De plus, ces Terminaux mobiles peuvent en effet contenir des substances chimiques dans des concentrations supérieures aux normes de sécurité établies et sont plus difficiles à collecter dans le cadre des programmes de gestion des déchets d'équipements électriques et électroniques. Ces difficultés se font particulièrement sentir dans les pays en développement, qui ne disposent que de capacités de recyclage écologiquement rationnelles limitées, voire inexistantes, et où il existe un volume considérable de Terminaux mobiles de contrefaçon.

D'autres études menées dans différents pays ont confirmé la présence de substances dangereuses dans les téléphones mobiles de contrefaçon.

Les fabricants de téléphone demandent un durcissement des contrôles car l'impact de ces contrefaçons se fait de plus en plus ressentir sur leur vente au niveau international.

Face à cette menace, une riposte forte de l'ensemble des acteurs, publics et privés, est donc nécessaire. Une prise de conscience de l'opinion est également essentielle, car les contrefaçons n'ont pas pour effet unique de toucher les entreprises, elles nuisent également au consommateur en le trompant, en portant atteinte à sa santé, à sa sécurité et elles ignorent les principes du développement durable. La multinationale souhaite en effet mieux protéger le consommateur et faire en sorte qu'il soit assuré d'acheter des produits de qualité.

III. Mesures et solutions de lutte contre la CONTREFAÇON des Terminaux mobiles

Plusieurs pays ont des structures officielles consacrées carrément à lutter contre la contrefaçon des produits TIC et autres, notamment les pays et organismes suivantes [2] [3] [5] :

- **L'Union européenne** s'est attaquée au problème de la contrefaçon en prenant en compte un certain nombre d'initiatives, qui ont notamment consisté à établir des dispositions réglementaires applicables aux activités des autorités douanières et à élaborer une directive sur le respect des droits de propriété intellectuelle.
- **En France**, le CNAC (Comité National Anti-Contrefaçon) est le Comité national français de lutte contre la contrefaçon.
- **Au Royaume-Uni** : L'Office de la propriété intellectuelle du Royaume-Uni a créé en 2004 un Groupe chargé de la lutte contre la criminalité liée à la propriété intellectuelle (IP).
- **Au Kenya :** Le Parlement du Kenya a adopté en 2008 la Loi sur la lutte contre la contrefaçon, qui interdit le commerce des produits de contrefaçon. Cette Loi a également porté création de l'Agence de lutte contre la contrefaçon.
- **Aux Etats-Unis et la Chine** ont institué en 2013, une Commission mixte pour les questions économiques et commerciales.
- **Forums du secteur privé** sur la lutte contre la contrefaçon : Les entreprises ont réagi au problème de la contrefaçon en mettant en place des forums visant à représenter leurs intérêts.

Ces forums sont l'occasion de présenter des renseignements sur l'étendue du problème, de suggérer des méthodes permettant de limiter les effets de la contrefaçon et de faire pression auprès des pouvoirs publics et des organisations Internationales pour qu'ils agissent afin de lutter contre la contrefaçon.

- **Coalition internationale pour prévenir la contrefaçon (IACC) :** Son objectif est de lutter contre la contrefaçon et le piratage en encourageant l'adoption de réglementations sur la lutte contre la contrefaçon.
- **Mobile Manufacturers Forum (MMF) :** Le Mobile Manufacturers Forum tient à jour un site web (spotafakephone.com) qui donne des renseignements sur les téléphones mobiles et les batteries de contrefaçon.

Il est possible de lutter contre la contrefaçon d'équipements en apposant des marques sur les produits, afin de pouvoir les authentifier en contrôlant rigoureusement leur cycle de vie. Les étiquettes difficiles à falsifier peuvent être apposées sur les produits et des numéros de séries peuvent leur être assignés, afin de certifier que l'article est authentique (moyennant l'accès à une base de données par exemple). Des identifiants uniques peuvent être attribués aux différents articles. Comme exemple de système utilisé pour lutter contre la contrefaçon, on peut citer l'application « mPedigree », qui sert à lutter contre la contrefaçon de produits pharmaceutiques en Afrique. Ce système permet aux patients de vérifier l'authenticité des médicaments, ou de voir si ceux-ci sont contrefaits et potentiellement dangereux, en envoyant un SMS (gratuit) à un registre de produits pharmaceutiques.

Les chaînes d'approvisionnement, voire les cycles de vie complets des produits, doivent faire l'objet de contrôles rigoureux et, le cas échéant, de tests, d'évaluation et de certification, pour garantir la sécurité ainsi qu'une qualité satisfaisante du produit. De plus, il faut donner aux agents des douanes les outils nécessaires pour leur permettre d'identifier les produits de contrefaçon ; à cet égard, il est possible d'avoir recours à des mécanismes de surveillance du marché.

Les identifiants peuvent être placés sur un objet en clair ou être codés sur une « étiquette d'identification, (ID)», telle qu'un code-barres, une étiquette d'identification par radiofréquences (RFID[4]), une carte à puce ou une étiquette infrarouge, afin de permettre leur lecture automatique.

Pour le secteur TIC et en particulier concernant les terminaux mobiles et afin de faire en sorte que les identifiants soient uniques au niveau mondial pour des applications déterminées, il faut les gérer de manière organisée, en prévoyant une procédure d'attribution. Ainsi :

- L'Association GSM (GSMA) gère les identités Internationales d'équipements mobiles (IMEI) pour le système GSM/UMTS et LTE.

[4] RFID: Radio Fréquence Identification

- L'Association des Industries de Télécommunication (TIA) gère les identifiants d'équipement mobile ; (MEID) pour les Terminaux à accès multiple par répartition en code (AMRC ou CDMA).
- L'ISO gère plusieurs domaines d'identification et fait également office d'autorité de premier niveau chargée d'intégrer les systèmes d'identification d'autres organisations.

Le secteur des TIC est un secteur dynamique caractérisé par la présence d'un grand nombre de concurrents internationaux qui encouragent en permanence l'innovation. Cette situation est certes souhaitable, mais parallèlement, il peut y avoir sur le marché des fabricants ou des fournisseurs qui ne se sont pas toujours prêts à respecter les règles établies au niveau international, régional ou national.

Le problème de l'asymétrie de l'information est plus prononcé dans les pays en développement, où le développement des technologies est limité, voire inexistant, et où il existe très peu de procédures d'évaluation de la conformité, voire aucune.

Les problèmes qui se posent généralement lors de la gestion d'un système d'évaluation d'homologation et de la conformité sont dus à l'absence d'informations fiables d'identification de l'origine des produits ou de la personne juridiquement responsable des produits (Figure n°3).

Figure n°3: identification de l'origine des produits

III.1. Facteur clé pour pouvoir lutter contre les fléaux de la contrefaçon et le vol des Terminaux mobiles : Identité Internationale d'Equipement mobile (IMEI)

Comme cité ci-dessus dans ce rapport, l'IMEI est un numéro qui permet d'identifier de manière unique chacun des terminaux de téléphonie mobile GSM/UMTS ou LTE. On le trouve habituellement imprimé à l'intérieur du compartiment de la batterie du téléphone, mais il peut également être affiché à l'écran sur la plupart des téléphones en tapant (*** # 06 #**) sur le clavier, ou être identifié dans le système dans le menu des réglages sur les systèmes d'exploitation des Smartphones [8] [15].

Figure n°4: IMEI

Ce numéro IMEI est mieux qu'une plaque d'immatriculation pour les mobiles (Figure n°4), on ne peut le retirer. Gratter l'étiquette derrière le téléphone ne sert à rien, le numéro se trouve dans la mémoire de l'appareil. De plus, il est transmis automatiquement au réseau à chaque utilisation du téléphone.

Comme nous l'avons déjà indiqué, les téléphones mobiles constituent une cible de choix pour les contrefacteurs.

Il y est indiqué que le consommateur devrait se familiariser avec les caractéristiques, les fonctionnalités, la disponibilité et le prix des articles authentiques et vérifier également le numéro IMEI de son téléphone. Bien souvent, les téléphones mobiles de contrefaçon ne portent pas de numéro IMEI ou ont un faux numéro (Figure n°5). Pour les fabricants, les opérateurs de réseaux et les autorités, le problème est que les contrefacteurs ont adapté leurs méthodes de fabrication et dérobent parfois des séries de numéros autorisées auprès des fabricants en place, dans le cadre de leur stratégie de contrefaçon. Cette méthode peut notamment être utilisée pour échapper aux systèmes de contrôle des numéros IMEI.

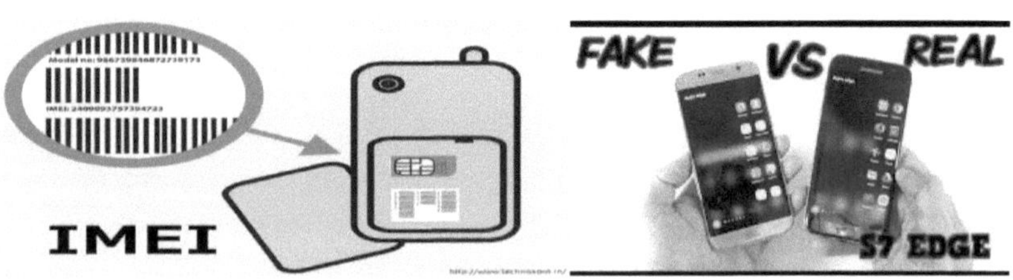

Figure n°5: Emplacement des IMEI

L'attribution des numéros IMEI est gérée par l'Association GSMA, afin de garantir que chaque numéro soit unique. Le système d'attribution est hiérarchique ; la GSMA assigne des identifiants à deux chiffres à des entités de notification, qui attribuent ensuite le numéro IMEI ainsi que le numéro de série de l'équipement. Les Entités de notification actuellement autorisées à attribuer des numéros IMEI sont les suivantes :

- **CTIA** – The Wireless Association, BABT (British Approvals Board for Telecommunications, Royaume-Uni),
- **TAF** (Telecommunications Terminal Testing and Approval Forum, Chine), et
- **MSAI** (Mobile Standards Alliance, Inde).

L'IMEI, Identité d'un terminal mobile contient un numéro d'homologation commun à tous les terminaux d'une même série, un numéro identifiant l'usine d'assemblage et un numéro spécifique au terminal.

Le format des numéros IMEI valables à compter du 1er janvier 2003 est indiqué au tableau suivant, [14] [15] :

Code d'attribution type (TAC)	Numéro de série	Somme de contrôle
NNXXXXYY	ZZZZZZ	A

TAC	Code d'attribution type, précédemment connu sous l'appellation "code d'homologation".
NN	Identifiant de l'Entité de notification.
XXXXYY	Identifiant du type d'équipement mobile (ME) défini par l'Entité de notification.
ZZZZZZ	Attribué par l'Entité de notification, mais assigné pour chaque équipement ME par le fabricant.
A	Somme de contrôle, définie en fonction de tous les autres chiffres IMEI.

Tableau : Format des numéros IMEI

La GSMA enregistre d'autres renseignements, par exemple le nom du fabricant et le numéro de modèle, ainsi que les capacités techniques, par exemple les bandes de fréquences prises en charge et la classe de puissance, pour chaque terminal mobile identifié par son numéro IMEI.

La GSMA tient à jour une base de données des IMEI. Cette base contient une "liste blanche" des équipements considérés comme pouvant être utilisés dans le monde entier, et une "liste noire" de numéros IMEI se rapportant aux Terminaux mobiles qui ne sont pas considérés comme pouvant être utilisés parce qu'ils ont été perdus ou volés ou parce qu'ils sont défectueux et mettent en péril l'intégrité du réseau.

Il convient de noter que la liste blanche de la base de données IMEI de GSMA est une liste de codes TAC ou code d'homologation plutôt qu'une liste complète de numéros IMEI et que les données sont mises gratuitement à la disposition des parties remplissant les conditions requises, notamment, les régulateurs nationaux, les organismes chargés de l'application de la loi et les services de douane. Outre la base de données des numéros IMEI, les différents opérateurs de réseaux peuvent aussi mettre en œuvre leurs propres registres d'identification des équipements (EIR), dans lesquels ils peuvent télécharger la "liste blanche ou noire" ce qui permet aux opérateurs de contrôler les Terminaux qui peuvent accéder à leurs réseaux, [11] [17].

La base de données des numéros IMEI a principalement pour but de permettre aux régulateurs ou opérateurs d'identifier les Terminaux, ainsi que leurs caractéristiques, qui sont utilisés sur leurs réseaux et de bloquer les combinés volés. Cette base de données peut également servir à détecter des Terminaux mobiles de contrefaçon, ce qui contribue à empêcher le blanchiment fondé sur ces Terminaux, à décourager la criminalité et à faciliter les poursuites.

Toutefois, la mise en œuvre des numéros IMEI a posé un certain nombre de problèmes. GSMA a par exemple signalé des cas dans lesquels des équipements étaient dépourvus de numéros IMEI ou comportaient un numéro IMEI exclusivement constitué de zéros, des numéros IMEI en double ou encore des numéros IMEI attribués par des organismes non autorisés. Certains de ces Terminaux comportant des numéros IMEI non valables ou non uniques sont des produits de contrefaçon, mais il peut aussi s'agir de produits authentiques, qui ne sont toutefois pas conformes à la procédure d'attribution des numéros IMEI de la GSMA, en raison de malentendus de la part des fabricants.

Ainsi, presque 30 millions le nombre estimé de terminaux mobiles sans numéro IMEI en Inde, de sorte que la MSAI[5] a été autorisée par la GSMA à proposer un programme d'amnistie temporaire prévoyant "l'implantation" de numéros IMEI authentiques, afin de permettre l'identification de manière univoque de chaque terminal.

Pour illustrer le cas des numéros IMEI en double, on peut citer l'exemple de l'Australie, où il été constaté que 6500 combinés portaient le même numéro IMEI. Quant aux numéros IMEI non enregistrés, un opérateur de réseau de l'Ouganda a signalé aussi que le nombre de codes TAC sur son

[5] MSAI : Mobile Standards Alliance of India

réseau qui n'était pas enregistrés dans la base de données des numéros IMEI était supérieur à celui des numéros attribués par la GSMA.

Autant d'arguments qui militent en faveur de l'idée selon laquelle il faut rendre obligatoire l'utilisation des numéros IMEI et attribuer ces numéros conformément à la procédure établie par la GSMA. La base de données IMEI constitue un instrument permettant de détecter les Terminaux mobiles de contrefaçon. A cet égard, on peut citer l'exemple du Kenya, qui a interdit en 2012 l'accès aux téléphones mobiles comportant des numéros IMEI non valables, le nombre d'abonnés utilisant de faux téléphones mobiles ayant été estimé à 2,3 millions.

Etant donné que plusieurs initiatives prises au niveau mondial afin de lutter contre la contrefaçon des terminaux mobiles reposent sur l'utilisation de numéros IMEI, il est indispensable que la procédure d'attribution de ces numéros et la base de données IMEI soient sécurisées et fiables et que les numéros IMEI soient codés en toute sécurité dans ces terminaux mobiles.

Le blocage de ces Terminaux lors de la première connexion constitue probablement l'outil le plus efficace pour remédier à ce problème.

Le blocage des numéros IMEI est cependant assujetti à plusieurs contraintes pour le GSMA :

- En premier lieu, la GSMA ne tient pas à jour une liste blanche complète des numéros IMEI, mais uniquement une liste blanche des codes TAC.
- Deuxièmement, les numéros IMEI provenant de Terminaux autorisés ont été clonés sur des Terminaux de contrefaçon ou de qualité inférieure aux normes, ce qui complique encore le processus de blocage.

En définitive, toute solution u système de blocage doit empêcher ou interdire la copie d'autres numéros clonés ou erronés dans les Terminaux mobiles en question.

Pour les gouvernements, il existe cependant plusieurs solutions sur le marché, en dépit des problèmes que pose le blocage. Parallèlement, il est important d'éviter une multiplicité de solutions nationales uniques, qui ne feront que déplacer le problème au-delà des frontières nationales. Etant donné que les numéros IMEI sont attribués par la GSMA et que la base de données des numéros IMEI est tenue à jour par cette Association, il paraît logique d'associer la GSMA d'une manière ou d'une autre aux initiatives nationales, afin d'utiliser toutes les listes disponibles et les autres mesures techniques existantes.

Toutefois, étant donné que d'après les estimations, le nombre de Terminaux mobiles de contrefaçon est gigantesque, se contenter de bloquer des terminaux opérationnels aurait des conséquences aussi importantes qu'imprévues pour les réseaux et les utilisateurs finals, conséquences que l'on ne saurait ignorer.

A cet égard, il est important de tenir compte du fait que dans les pays en développement connaissant des conditions socio-économiques défavorables, les Terminaux mobiles constituent la principale passerelle de communication et le principal moyen de participer à la société de l'information. Malheureusement, les Terminaux mobiles utilisés à cette fin sont bien souvent des Terminaux de contrefaçon bon marché.

C'est pourquoi la société tout entière doit être préparée à faire face à cette évolution. Il faut étudier, examiner et planifier les solutions les mieux adaptées. Il faut par exemple expliquer clairement aux consommateurs les raisons pour lesquelles les Terminaux mobiles de contrefaçon ne doivent pas être autorisés (risques pour la sécurité, qualité de service inférieure et augmentation en conséquence du nombre de réclamations, risques de brouillages et atteintes aux DPI[6], etc.).

Dans cette perspective, si les régulateurs choisissent de mettre en place des mesures de blocage des terminaux mobiles, il est important d'adopter des politiques de transition, en ne bloquant par exemple dans un premier temps que les nouveaux terminaux mobiles et en autorisant les Terminaux mobiles en service sur le réseau à continuer de fonctionner.

III.2. L'association GSMA

GSM Association (GSMA) est une association qui représente 850 opérateurs de téléphonie mobile à travers 218 pays du monde. De plus, elle compte parmi ses membres 200 fabricants et autres industriels du secteur travaillant sur la famille des standards de réseau mobile définies par le 3GPP : GSM et dérivés (Edge), UMTS (WCDMA) et LTE, [2] [22].

L'Association GSM exploite, éventuellement, un Registre Central d'Identité d'Equipement (CEIR) à l'usage de ses membres.

Le CEIR GSMA contient, comme indiqué auparavant, une liste blanche globale des IMEI et des informations relatives aux terminaux mobiles autorisés à utiliser le réseau mondial du GSM. Il contient également des informations d'une liste noire des IMEI des terminaux mobiles, qui sont considérées ne pas être utilisables sur les réseaux GSM en raison de vol, dupliqué, une menace à l'intégrité du réseau ou d'autres raisons [16].

GSMA détermine les raisons valables de la liste noire. Le CEIR peut également contenir des informations sur les IMEI des terminaux mobiles qui ont des statuts suspects (pas clair). Elle se

[6] DPI : Droit de Propriété Intellectuelle

réserve le droit de déterminer si la base technique pour le type d'attribution est appropriée pour permettre aux IMEI alloués par un organisme déclarant d'être inclus dans la liste blanche du CEIR. Elle se réserve aussi le droit de déterminer si les informations fournies par un organisme de « Reporting » peuvent être incluses dans la liste blanche.

Les membres individuels de la GSM Association peuvent choisir les informations IMEI à saisir dans leur EIR. Cela peut inclure des informations IMEI non convenable aux principes de bases techniques des listes blanche/noire/grise du CEIR-GSMA. Toutefois, la GSMA ne fait pas rentrée dans son système central CEIR les IMEI prévus pour les tests, [21].

III.3. Solutions numériques pour lutter contre le fléau de vol et de la contrefaçon ou de non-homologation des Terminaux mobiles

Les majorités des états ont mis en œuvre des mesures nécessaires pour prévenir ou mettre en évidence et contrôler l'altération volontaire (modification sans autorisation) des identifiants uniques de Terminaux de télécommunication/TIC mobiles et empêcher que ces Terminaux aient accès aux réseaux mobiles.

Ces mesures se traduisent, généralement, par la mise en place des solutions moyennant de technologies modernes de l'information et de la communication, comme le CEIR (Registre Central d'Identification des Equipements des télécommunications terminaux mobiles).

De ce fait, au niveau Internationale, l'UIT a planifié un projet de résolution n°97, lors de l'organisation en Tunisie de l'AMNT-2016. Cette résolution contiendra une contribution d'un projet de nouvelle Résolution sur la lutte contre le vol de Terminaux mobiles au moyen de technologies modernes de l'information et de la communication, [3] [5] [15].

En principe, un CEIR, Registre Centralisé de l'Identité des Equipements est une base de données des numéros IMEI des appareils mobiles. Les autorités de régulation et les opérateurs utilisent ce registre pour lister les IMEI des Terminaux mobiles afin de leur fournir ou non l'accès aux services. Ce système central détecte les Terminaux mobiles volés, perdu, et de la contrefaçon, ainsi que de limiter le marché parallèle de ces fléaux.

Dans ce cas, l'IMEI d'un terminal mobile volé est saisi dans la base des données de CEIR afin de le rendre inutilisable sur l'ensemble des réseaux. Cependant, d'autres fonctionnalités importantes peuvent être ajoutées permettant aux régulateurs et opérateurs de contrôler l'accès au réseau mobile, ayant un effet dissuasif contre le vol, la fraude et l'accumulation de dette par exemple. Elle autorise aussi, le croisement des informations **MSISDN**[7], **IMSI**[8] **et IMEI**[9] et permet, par exemple, de voir tous les IMSI utilisé pour un IMEI. Le système permet aussi de développer plusieurs processus ou fonctions permettant de superviser tous les fonctionnalités du réseau mobil national (trafic, infrastructures, équipements, terminaux mobiles authentiques et importés légalement, etc.).

Bien que certains pays aient déployé avec succès des solutions technologiques reposant sur l'utilisation de numéros IMEI pour endiguer le phénomène de vol des téléphones mobiles, d'autres pays en développement, éprouvent encore, de nombreuses difficultés à trouver des solutions ou systèmes technologiques efficaces pour résoudre à la fois les problèmes de la contrefaçon, de vole/perte, importation illicites et de non- homologation des Terminaux mobiles. Du fait de l'ampleur de ces fléaux, il faut prendre d'autres mesures axées sur la sensibilisation du consommateur, l'application des lois et les réformes apportées à la législation à l'échelle nationale.

Cependant, la philosophie du système CEIR est de réglementer le marché des mobiles selon des lois et des principes des états. De plus, l'administration de ce type de solution n'est pas du sort des opérateurs vu qu'ils ne sont pas responsables du marché des mobiles (ils sont responsables que du service des télécommunications) et que plusieurs intervenant se croisent à ce sujet tel que, Organisme d'homologation, Douane, Ministère de l'Intérieur, etc.

De plus, il apparait que, consciente des problèmes liés à la possibilité de falsification des numéros IMEI de certains types d'équipements terminaux GSM. L'ETSI, a édicté en 2000 une nouvelle spécification imposant aux fabriquant du numéro d'identification IMEI des nouveaux appareils qu'ils produisent : par conséquent, avec cette nouvelle exigence, une proposition croissante du parc d'équipements terminaux GSM sera encore beaucoup mieux protégée contre les risques de falsification du numéro IMEI, ce qui accroitra évidemment l'efficacité des systèmes CEIR des gouvernements, ainsi que les EIR des opérateurs, [10] [14] [17].

Les contrefaçons impactent négativement les fabricants, les fournisseurs, les opérateurs, les consommateurs et les gouvernements à travers : la perte du chiffre d'affaires, l'érosion de la valeur de la marque, la perte de clientèle, les perturbations du réseau, mauvaise qualité de service et des risques pour la santé publique.

---

[7] **MSISDN** ou **Mobile Station ISDN Number** est le numéro « connu du public » de l'usager GSM ou UMTS par opposition au numéro IMSI. C'est cet identifiant, couramment appelé numéro de téléphone, qui sera composé afin d'atteindre l'abonné. Seul le HLR connaît la correspondance entre le MSISDN et le numéro IMSI contenu dans la carte SIM de l'abonné.

[8] IMSI: L'***International Mobile Subscriber Identity*** **(IMSI)** est un numéro unique, qui permet à un réseau de téléphonie mobile de type GSM, UMTS ou LTE d'identifier un usager. Ce numéro est stocké dans la carte SIM (ou USIM en UMTS et LTE) et n'est pas connu de l'utilisateur. Pour atteindre l'utilisateur, l'opérateur lui attribue un numéro MSISDN qui est la version avec préfixe international de ce qu'on appelle communément un « numéro de téléphone ».

[9] IMEI: ***International Mobile Equipment Identity*** (littéralement « identité internationale d'équipement mobile ») est un numéro qui permet d'identifier de manière unique chacun des terminaux de téléphonie mobile (ME) GSM ou UMTS.

Au niveau des taxes perdues par les gouvernements, la Chambre de Commerce Internationale estime la perte globale à 1.25 milliard de dollars US pour les pays émergent et en voie de développement. Comme dans chaque situation, où il existe une offre (fabricants peu scrupuleux) et une demande (consommateurs voulant obtenir des services aux coûts les plus faibles), il n'y a pas une solution unique qui pourrait entièrement résoudre la problématique. Il faut procéder à la mise en place de solutions technologiques en compléments de nouveaux processus et de campagnes de communication et de sensibilisation. Les consommateurs n'étant souvent pas au fait de l'ensemble des coûts liés à l'acquisition d'un produit sous-standard, [6] [9].

IV. Benchmark International

Comme nous l'avons présenté ci-dessus, la contrefaçon ou la non-homologation ou la non-conformité des Terminaux mobiles est un problème particulièrement préoccupant et diverses initiatives ont été prises pour en endiguer la progression. Le but de certains systèmes d'identification était au départ de s'assurer que les Terminaux mobiles étaient importés conformément aux procédures juridiques (et non pas en contrebande) et, par la suite, d'établir avec certitude qu'ils n'étaient pas contrefaits.

Les systèmes centraux d'identification des équipements mobiles adoptés par plusieurs pays présentent, en outre, un grand nombre de caractéristiques communes avec les initiatives spécialement conçues pour remédier au problème de la contrefaçon, (voir annexe ci-joint).

Estimation des coûts de mise en place d'un CEIR-N

D'après la littérature et l'expérience de plusieurs pays dans le monde, pour mettre en œuvre et maintenir un système CEIR nationale, cela implique des coûts à la fois en termes d'OPEX et de CAPEX. Ces coûts peuvent également être partagés entre l'Etat et les opérateurs.

Toutefois, l'estimation de la capacité du système CEIR est basée essentiellement sur le nombre total estimé des abonnés mobiles de tous les opérateurs sur le marché d'un pays.

Une configuration duplex est proposée pour tous les composants du système CEIR en raison de la taille du nombre total de Terminaux mobiles à gérer et de l'évolution du parc d'abonné dans le pays. Une telle configuration permet également d'assurer un haut niveau de disponibilité.

Il faut prévoir aussi, la possibilité d'étendre, encore plus, la capacité du système pour faire face à l'évolution du parc des Terminaux mobiles dans le marché en rajoutant soit du software ou encore du matériel.

Pour chaque pays, elle peut s'attendre à ce que la taille de la base de données augmente au moins au taux de croissance des abonnés, (ex. soit de 10 à 20% par an), [13] [23] [24].

V. Cas de la Tunisie

V.1 Contexte du marché mobile en Tunisie

Le secteur des télécommunications de la Tunisie se qualifie d'important progrès et se caractérise par une dynamique soutenue et un taux de pénétration élevée.

Aujourd'hui, le marché de la téléphonie mobile en Tunisie rentre dans une étape de stagnation et arrive presque à sa maturité. Ce marché a enregistré environ 15 millions d'abonnements mobiles GSM/UMTS et LTE, tous opérateurs confondu, avec un taux de pénétration presque à l'entoure de 128%, ce qui en fait un vecteur de développement et un produit de première nécessité qui a fini par entrer dans nos habitudes.

Le paysage du marché de la téléphonie mobile Tunisien compte officiellement trois (03) opérateurs de télécommunications (Tunisie Télécom, Orange Tunisie et Ooredoo Tunisie), ainsi que deux MVNO LycaMobile est en activité, par contre « Watany Télécom » est en cours de mise en place.

Tout ce beau monde est régi par un régulateur nationale des télécoms qui veuille à une concurrence équitable seine et loyale entre ces différents acteurs du marché de la télécommunication en Tunisie, il s'agit de l'Instance Nationale de Télécommunications de Tunisie, INTT.

Le secteur du numérique en Tunisie contribue presque à hauteur de 7,2% du PIB et offre des potentiels de croissance importants pour la Tunisie qui figure parmi les pays d'Afrique les plus développés en matière de TIC.

Le secteur des télécommunications et en particulier le marché de la téléphonie mobile pourra encore mieux participer à améliorer davantage l'économie et la compétitivité du pays, ainsi que d'encourager l'investissement dans ce secteur en ajustant plus de reformes.

Parmi les autres tendances, il y a le développement rapide de la couverture du haut débit mobile, combiné à une population tunisienne très jeune et technophile. Ceci est un facteur important pour le développement d'un marché significatif de consommation numérique, mais également une véritable opportunité du développement de l'industrie numérique.

Quelques études sur l'analyse du marché mobile en Tunisie soulignent qu'en 2015, sur l'ensemble de la population, environ six (6) Millions des Tunisiens affirment posséder des Smartphones et le nombre devrait croître davantage. Aussi l'évolution des supports (ordinateurs, Tablettes et Smartphones) d'accès à Internet aura encore une plus forte progression de l'accès à l'information à partir des terminaux mobiles dans les années avenir.

Au cours de l'année 2016, l'accès mobile (smartphones et tablettes) est passé de 16% en 2013 à 47%, soit une progression sur trois ans de plus de 160%. D'autre part, 62% des Tunisiens changent leurs téléphones mobiles avec une fréquence de deux ans au maximum.

Il en ressort, aussi, une croissance du marché des Smartphones en Tunisie. En effet, le nombre devrait croître fin 2017 pour atteindre 7.5 millions. Une envolée qui s'explique par l'émergence de nouveaux modèles de Smartphones et le développement du marché de l'occasion qui constituent une réelle opportunité pour l'industrie des jeux, ainsi que, grâce notamment à la percée des téléphones mobiles à bas prix.

D'après la chambre syndicale nationale des commerçants de téléphonie mobile et de la technologie numérique en Tunisie, qui défend presque 2500 boutiques en Tunisie réparties sur l'ensemble de territoire, ce qui ont fait un secteur important, les ventes des téléphones mobiles (marché formel) ont généré, entre 2010 et 2016, presque 600 millions de dinars, avec une évolution d'environ de 70%.

Cette chambre consiste essentiellement à défendre le droit des commerçants, la modernisation du secteur et à instituer un cadre légal, à régler les problèmes liés au marché parallèle qui représente à peu près 45% de part de marché de téléphonie mobile, soit plus de 50 millions de Dinars de perte par an pour l'Etat Tunisien.

Malheureusement, le marché parallèle de la contrefaçon dans le domaine des TIC et en particulier le marché des Terminaux mobiles est devenu un véritable fléau en Tunisie. A l'instar de toute activité illicite, la contrefaçon est un phénomène à la fois diffus et opaque.

La contrefaçon des téléphones mobiles progresse aussi vite que possible. Il y a à peine quelques années, seuls les accessoires vendus sur le marché tunisien étaient contrefaits. Aujourd'hui, ce sont des appareils entièrement copiés qui font la concurrence aux produits originaux. Là aussi, les prix sont déterminants. Ce qui a favorisé le développement de la contrefaçon dans le secteur de la téléphonie mobile est, par-dessus tout, la nouvelle orientation prise par le marché tunisien.

Après les produits de luxe, les tunisiens semblent de plus en plus tournés vers des produits simples et parfois bas de gamme. Proposer donc aux consommateurs des appareils semblables aux produits de luxe à des prix très abordables convient parfaitement à l'état d'esprit actuel du consommateur. Outre les téléphones mobiles contrefaits, généralement originaires de Chine, commencent à inonder le marché, grâce à leurs prix relativement bas.

Ces Terminaux mobiles sont introduits sur le marché tunisien par des importateurs ou par des particuliers et trouvent naturellement leur place dans un marché où le prix est un élément clé et où le contrôle est rare. Le phénomène de la contrefaçon dans le domaine des nouvelles technologies est manifestement en progression, alimenté par différents ingrédients qui en font un véritable mal chronique.

A l'échelle nationale, l'économie tunisienne se voit largement affecté par ce genre de produits qui affectent sans nul doute la santé et la sécurité des consommateurs. Ce secteur engendre une concurrence déloyale vis-à-vis du commerce organisé, puisque ses acteurs ne paient pas ni de taxes, ni des frais d'homologation et de la conformité du terminal mobile, cela traduit donc, à un important manque à gagner pour l'Etat.

En 2016, le marché a été confronté à une situation critique, en effet, presque 45% des Terminaux mobiles présents sur le marché étaient des produits d'importation parallèle "marché gris ". De plus, ces produits étaient en grande partie représentés par des copies de combinés de marque d'origine inconnue, qui ne satisfaisaient pas aux normes et aux standards internationales en termes de caractéristiques techniques ou de sécurité.

Malheureusement, ce nombre élevé des terminaux mobiles contrefaits sont comme-même interconnectés sur notre réseau mobile public.

Or, il y a un certain nombre d'exigences qu'un terminal mobile vendu ou qui doit être interconnecté au réseau de communication doit respecter. Ces exigences contribuent à la protection des consommateurs elles participent également à la maitrise du marché intérieur. Ces exigences portent également sur la sécurité des usagers, la protection du réseau public de communication électronique contre tout dommage. Sans compter les limites d'exposition du public aux champs électromagnétiques et de rayons ionisants.

V.2. Cadre juridique et réglementaire

Rappelant que selon le code des télécommunications Tunisien, Article 32 de la loi n°2008-1 du 8 janvier 2008, stipule que « tous les équipements terminaux des télécommunications importés ou fabriqués en Tunisie….sont soumis à l'homologation préalable ».

Ainsi que, selon l'article 2 du Décret n°2001-830 du 14 avril 2001, relatif à l'homologation des équipements terminaux de télécommunications et des équipements terminaux radioélectriques spécifie que les équipements terminaux de télécommunications importés ou fabriqués en Tunisie et destinés à la commercialisation ou à l'usage public, ainsi que les équipements terminaux radioélectriques, qu'ils soient destinés ou non à être connectés à un réseau public de télécommunications, doivent être préalablement homologués par type et par modèle, [27].

De plus, en vertu des licences octroyées aux opérateurs des réseaux mobiles GSM/UMTS et LTE, les titulaires de ces licences ne peuvent offrir de services sur leur réseau qu'à ceux qui utilisent un terminal mobile homologué.

Pour le cas des équipements terminaux des télécommunications concernant ou Terminaux mobiles, il est important de noter que conformément aux dispositions en matière d'homologation dudit Décret, que tout terminal mobile dépourvu d'un numéro IMEI valable ou dont le numéro IMEI a été falsifié ne peut être homologué.

De ce faite, pour remédier à ce phénomène de vol, et du marché parallèle de la contrefaçon des Terminaux mobiles, la majorité des pays dans le monde ont mis en place des solutions adéquates et efficaces pour essayer de lutter contre ce fléau dangereux.

Heureusement, le secteur TIC est le seul secteur qui pourra freiner ou plutôt lutter contre ce dit fléau en mettant en place un système ou une solution numérique nationale pour pouvoir lutter et arrêter l'hémorragie de ce fléau de vol et de la contrefaçon des Terminaux mobiles.

Ce genre des systèmes ou solutions numériques permettront de protéger non seulement l'économie du pays menacée par le fléau de la contrefaçon, mais aussi le consommateur en enrayant la hausse des vols des smartphones et en assurant sa protection au niveau de la santé et de la sécurité, etc.

VI. Modèle Stratégique pour pouvoir lutter contre le vol et la présence des Terminaux mobiles contrefaits sur le marché tunisien

L'Etat Tunisien a décidé, à travers ses organes (CERT, INTT, ATT et autres autorités), en coopérations avec tous les acteurs du marché (chambre syndicale nationale des commerçants de Terminaux mobiles, les opérateurs mobiles et la douane, équipementiers, etc.) de mettre en place, courant 2018, un service numérique antivol, anti-contrefaçon ou anti-homologation des Terminaux mobiles sur le réseau national des télécommunications Tunisien.

Le modèle stratégique national pour lutter contre ces fléaux de vol/perte et de la non-homologation des Terminaux mobiles sur le territoire tunisien consiste éventuellement, à lancer deux phases :

- **Phase n°1 :** Travaux relatifs à la fourniture d'un système ou solution nationale CEIR-N capable de détecter ou repérer et de bloquer tous équipements ou Terminaux mobiles non-homologués ou non conformes ou volés/perdus sur les réseaux mobiles de la Tunisie.
- **Phase n°2** : Qui se lance en parallèle ou en amont, consiste à réaliser un plan de communication et de sensibilisation pour informer, protéger et convaincre les consommateurs de ces dites fléaux dangereux. Ce plan devrait être mis en place par toutes les entités médiatiques, dans le cadre d'une action concertée, sur tous les circuits de consommation (annonces publicitaires, factures des opérateurs et centres d'appels par exemple), en attirant l'attention des utilisateurs sur les avantages de l'achat des terminaux certifiés ainsi que sur les

risques qu'ils prennent lorsqu'ils utilisent des terminaux contrefaits et de qualité médiocre sur le marché Tunisien.

Le modèle stratégique repose sur une étroite interaction avec les parties concernées afin de garantir le succès de la mise en place du Système Central Nationale d'Identification des équipements des télécommunications mobiles, CEIR-N (ou National Central Equipements identification Register).

Le système CEIR-N, permettra de protéger les consommateurs de tous les dangers provoqués par les Terminaux mobiles non standardisés et non homologués, et que de garantir un réseau de télécommunication national sein et de bonne qualité de service, ainsi même de minimiser généralement le risque de vol des smartphones, etc.

L'objectif fondamental du processus d'homologation est avant tout de protéger le public contre les effets négatifs que peuvent avoir les Terminaux mobiles de contrefaçon ou de qualité médiocre, notamment sur le plan technique et économique et sur celui de la santé et de la sécurité.

Un terminal mobile dépourvu d'identité internationale d'équipement mobile (IMEI) appropriée ne peut être homologué ni certifier. C'est pour ces raisons que l'utilisation des Terminaux téléphoniques mobiles de contrefaçon doit être progressivement supprimée, mais il faudra pour ce faire tenir dûment compte des intérêts de toutes les parties prenantes. En conséquence, cette suppression s'effectuera progressivement par le CEIR-N.

Le CEIR-N leur permet d'obtenir des renseignements sur les terminaux mobiles à proscrire : ainsi, les terminaux mobiles placés sur une liste noire ne pourront pas fonctionner sur les réseaux mobiles tunisiens, même en cas de changement de la carte SIM (module d'identité de l'abonné mobile) du terminal mobile. En effet, ces Terminaux mobiles seront automatiquement repérés sur le réseau mobile national et puis bloqués une fois qu'ils se connectent sur n'importe réseau mobile d'un opérateur.

D'autre part, étant donné qu'on a en Tunisie un parc important des Terminaux mobiles en service depuis longtemps, ainsi que, vu la situation et l'environnement de l'écosystème qui règne actuellement, nous proposons qu'une amnistie à tous les anciens Terminaux mobiles achetés avant le lancement opérationnel du CEIR-N sera opportun pour notre pays.

VI.1. Description de la phase n°1 : Mise en place du Système Centrale Nationale (CEIR-N) d'antivol, anti-homologation des Terminaux mobiles

Le système central national CEIR-N doit être capable, à travers sa base des données, d'enregistrer tous les identités IMEI des Terminaux mobiles sur le territoire tunisien.

Selon un benchmark international, ce genre de système national CEIR-N est, généralement, tenu, gérer, administrer et héberger par l'Etat et cela, à travers d'un de ses organes, (Ministère TIC ou Régulateur télécom) ou parfois, par un sous-traitant (entité juridique) sous le contrôle du Régulateur.

Le principe général de CEIR-N est d'autoriser l'accès ou non à un terminal mobile sur les réseaux mobiles tunisien. Ce système CEIR-N, avec ces processus ou ces algorithmes intelligents réduire au maximum le marché parallèle et les terminaux mobiles contrefaits, ainsi que de minimiser le risque de vol des Smartphones et tablettes, etc.

Ce CEIR-N peut être consulté par les consommateurs mobiles pour vérifier que leur terminal mobile utilisé est bien autorisé à fonctionner ou non sur le réseau mobile tunisien. De ce fait, l'accès au réseau peut être refusé, parce que le terminal mobile n'est pas conforme (non-homologué, illicite, ...), qu'il perturbe le réseau ou bien, parce qu'il a fait l'objet d'une déclaration de vol ou de perte.

Le CEIR-N comprend essentiellement une base de données générale de codes IMEI, qui tient à jour principalement trois listes communément appelées :

1. « **Liste blanche** » : Contient les IMEI des Terminaux homologués, conformes et légalement importés ou fabriqués en Tunisie. Tout terminal mobile sur cette liste blanche peut être opéré sur l'ensemble des réseaux mobiles national.
2. «**Liste grise** » : Contient les IMEI des Terminaux suspectés ou non-reconnus sur le réseau mobile, c.-à-d. des numéros IMEI qui ne font pas partie de la liste blanche ou de la liste noire au moment où le terminal mobile est enregistré pour la première fois auprès d'un opérateur de réseau de télécommunication. Le CEIR-N doivent informer, à travers le réseau des opérateurs, les utilisateurs de ces terminaux mobiles, en leur envoyant un message texte (SMS) selon lequel leur terminal ne figure pas dans la liste blanche et doivent régulariser leur situation, durant une période précise, qu'elle sera fixée ultérieurement par l'état (Ministère ou Régulateur), sinon son terminal sera sur la liste noire.
    a. En cas d'un numéro IMEI correcte (ni cloné et ni erroné), mais non homologué, l'utilisateur doit présenter un justificatif de payement d'un frais d'homologation (ex. peut-être forfaitaire)
    b. En cas d'un numéro IMEI cloné et ayant fait un contrat d'abonnement avec un opérateur mobile, l'utilisateur doit prouver et présenté un justificatif de l'originalité de son terminal mobile.
3. "**Liste noire**» : Contient les IMEI des terminaux mobiles ne pouvant être desservis par les réseaux mobiles (terminal mobile volé ou perdu, ou terminal sans preuve dudit justif "payement des taxes, confirmation dans le délai fixé, etc.".

Initialement, la base de données du système CEIR-N sera bien chargée par tous les numéros IMEI des Terminaux mobiles homologués et légalement importés dans le pays. Les listes ci-avant seront tenues à jour : "liste blanche" des Terminaux importés légalement, "liste grise" des Terminaux dans le statut n'est pas confirmé et "liste noire" des Terminaux dont l'accès au service est refusé.

En plus de la gestion de ces listes, ainsi que d'autres types d'alertes, le système central CEIR-N peut produire une vaste gamme de rapports et d'analyses (ex. rapports IMEI et les populations d'équipements basés sur la marque et le type de modèle, etc.) pour aider le régulateur à surveiller les progrès et la maturité de son marché mobile.

Grâce au traitement des données provenant de la "liste blanche" et les données provenant du CERT, des opérateurs, du service des douanes, et des offices de la police, les listes "grise" et "noire" des IMEI sont générées automatiquement, par les processus y afférents du CEIR-N.

Le système CEIR-N comprend une infrastructure informatique importante, ce système central est une vraie plateforme qui fournit à l'administration tunisienne la capacité de contrôler tous les Terminaux mobiles sur son réseau mobile national.

Par ailleurs, les opérateurs officiels des réseaux mobiles Tunisien doivent être occupés aussi par des équipements (EIR) pour pouvoir synchroniser et échanger, avec le CEIR-N, des informations et données relatives à l'identité de l'abonnées, de sa carte SIM et de l'identité de son terminal mobile. Ces données sont représentées respectivement par un triplé d'information ou numéros (MSISDN/IMSI/IMEI).

Il est important de noter que chaque pays adapte un système ou solution CEIR selon son environnement et son écosystème, ainsi que, selon leurs besoins et objectifs. Comme cité ci-dessus, le facteur essentiel de fonctionnement d'un système CEIR est basé sur l'identifiant ou le numéro IMEI d'un terminal mobile.

Mais pour approfondir davantage l'analyse de chaque cas des Terminaux mobiles (description ci-après) (terminal mobile volé/perdu, non-homologué ou de la contrefaçon, ou terminal amené de l'étranger, etc.), tout système CEIR a besoin aussi de connaitre d'autres informations supplémentaires et utile sur le terminal mobile et son utilisateur en utilisant les numéros ou les identifiants IMSI de chaque carte SIM et les MSISDN des utilisateurs finaux.

Cependant, il y a quelques systèmes CEIR, qui fonctionne uniquement par deux numéros ou identifiants (IMEI et IMSI), mais, aujourd'hui, la majorité de ces systèmes CEIR fonctionnent par le triplé (IMEI/IMSI/MSISDN), [19] [20] [25] [26].

Avec l'évolution des technologies e-SIM[10], 5G, IoT, M2M, etc. il est donc, indispensable aujourd'hui, pour les systèmes d'identification des Terminaux mobiles CEIR d'utiliser le triplé (IMEI/IMSI/MSISDN) afin de mieux gérer les différents fléaux de vol/perte et les contrefaits des Terminaux mobiles sur un réseau mobile national.

De plus, nous savons très bien, d'après les normes internationales, que l'IMEI est l'identifiant du terminal mobile, l'IMSI est bien l'identifiant de la carte SIM et l'MSISDN est l'identifiant du client final. Ce dernier est très utile pour ces systèmes, car il y a des cas d'usage où on peut avoir plusieurs MSISDN pour le même IMSI (cas du service « Nwimri3 de l'opérateur Ooredoo », etc.) ou aussi, plusieurs IMSI pour le même MSISDN (cas de Multi-IMSI en « Roaming » surtout en Europe), etc.

VI.1.1. Principaux objectifs opérationnelles du système CEIR-N en Tunisie

Comme l'illustre la figure 6 ci-dessous, le système CEIR-N doit notamment permettre à :

a. Collecter les données de tous les Terminaux de communication en usage en Tunisie et les associer à leurs utilisateurs par l'intermédiaire du triplet : **IMEI + IMSI + MSISDN**
b. Filtrer les Terminaux mobiles de communication qui ne sont pas autorisés à fonctionner sur les réseaux mobiles en Tunisie :

- Terminaux contrefaits, ou les Terminaux sous-standard
- Terminaux non homologués,
- Terminaux volés et perdus.

c. Créer une liste blanche globale des Terminaux de communication identifiés dans (a) ;
d. Refuser les services aux Terminaux de communication visés au point (b),
e. Mise à jour continue (a) à (d) en temps réel

[10] e-SIM : embedded SIM

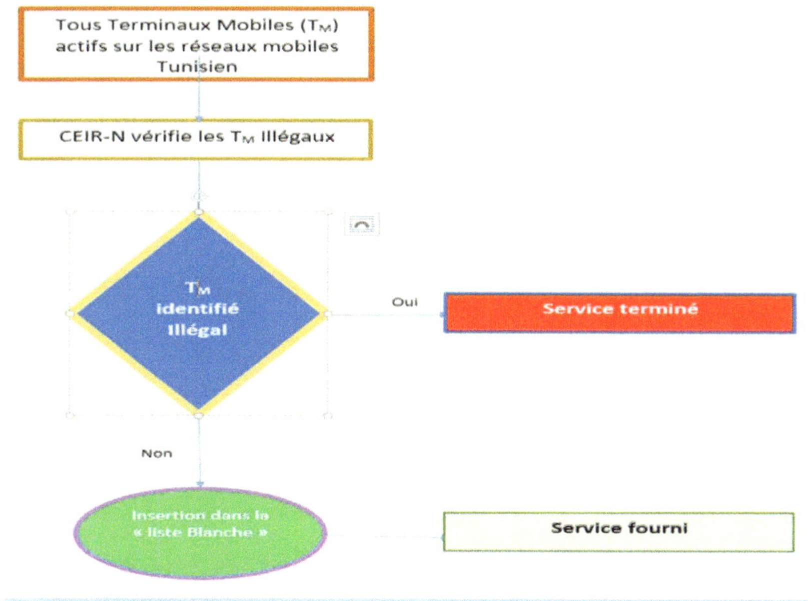

Figure 6: Principaux objectifs du CEIR-N

Le CEIR-N qui sera mise en place en Tunisie doit remplir au moins les fonctions suivantes :

- Capacité de maintenir une base de données des IMEI de tous les Terminaux mobiles enregistrés sur les réseaux mobiles ;
- Capacité d'identifier les statuts ou états des IMEI tels que :
  - Les IMEI qui ne sont pas affectés ou attribués ;
  - Les IMEI qui sont nuls, erronés, tous zéro ou en double.
- Capacité de contenir les informations suivantes sur tous les appareils enregistrés sur les réseaux mobiles en Tunisie :
  - Les numéros IMEI ;
  - Différents Statuts de l'IMEI (blanc, gris, noir, suspendu, etc.) ;
  - Date de l'enregistrement initial de l'IMEI ;
  - Date de la dernière mise à jour de l'enregistrement ;

  - Numéro de modèle du T_M ;
  - Motif du statut de l'IMEI (invalide, erroné, volé, cloné, valide, etc.).

- ❑ Capacité de bloquer directement ou indirectement (à travers les opérateurs) les Terminaux mobiles avec des IMEI non valides ou en liste noire (déclarés volés ou perdus, etc.) ;
- ❑ Capacité d'identifier le modèle, la version et les autres informations du terminal mobile ;
- ❑ Le CEIR-N doit être capable également de gérer l'ensemble de données temporaires, créées lorsque les T_M sont empruntés à d'autres utilisateurs ou en changeant différentes cartes SIM.
- ❑ Le CEIR-N doit permettre la création d'un nouvel enregistrement dans la base de données contenant les IMEI, chaque fois qu'un nouveau compte d'abonné est activé ;
- ❑ Capacité de mettre à la disposition des opérateurs les informations mises à jour relatives aux différentes listes (noire / blanche / grise, etc.), afin d'empêcher et de prévenir, le problème de clonage, dans l'ensemble des réseaux, et à tenir à jour les renseignements figurant dans la base de données centrale.
- ❑ Le CEIR-N doit être mis à jour périodiquement, par une méthode la plus efficace ;
- ❑ Le CEIR-N doit avoir la capacité de s'interconnecter avec la base de données du système international CEIR-GSMA pour pouvoir échanger des informations sur les statuts des IMEI des Terminaux suspectés ou déclarés volés ou perdus, etc.
- ❑ Le CEIR-N doit être interopérable avec tous les éléments des réseaux mobiles via des interfaces appropriés ;
- ❑ Le CEIR-N doit supporter aussi, une méthode de saisi flexible (saisi manuelle des données, etc.) ;
- ❑ Capacité d'effectuer un contrôle sur la validité du format et de la plage de l'IMEI.
- ❑ Etc.

Le Système CEIR-N doit être notamment :

- Évolutif et extensible en fonction de la croissance et de la complexité ;
- Dynamique et souple, les règles pouvant être adaptées dans le temps ;
- Comprenant plusieurs sources d'information, nationale et internationale, selon le cas ;
- Solution efficace pour que des mesures puissent être prises afin de réduire l'utilisation des Terminaux mobiles illicites ;
- Devant permettre de limiter autant que possible les incidences potentielles sur les utilisateurs finals ordinaires ;
- Fiable et sécurisée.

Note : Il est essentiel de noter que Chaque opérateur mobile sera autorisé à accéder uniquement au segment approprié de la « liste blanche ». De ce fait, chaque opérateur devra configurer un lien VPN[11] spécifique avec le CEIR-N pour pouvoir accéder à son propre segment de la « Liste blanche ».

VI.1.2. Fiabilité et stabilité

Afin de s'assurer de ne jamais perdre aucune informations, il faut vérifier et mettre à jours les bases de données des EIR des opérateurs. Cependant, pour faire ceux-ci, il faut « dumper » ses bases de données, selon un créneau périodique choisi, puis les réintégrer.

Au cours de la configuration de base centrale, la plateforme du système national CEIR-N est installée sur deux serveurs dédiés. Ce nombre peut augmenter afin d'augmenter la fiabilité et la performance de la plateforme CEIR-N. Les principes de duplication permettent la charge dans le système à distribuer automatiquement et également assurer la sécurité des informations.

[11] VPN : Virtuel Private Network

VII.1.3. Architecture du CEIR-N (Proposition)

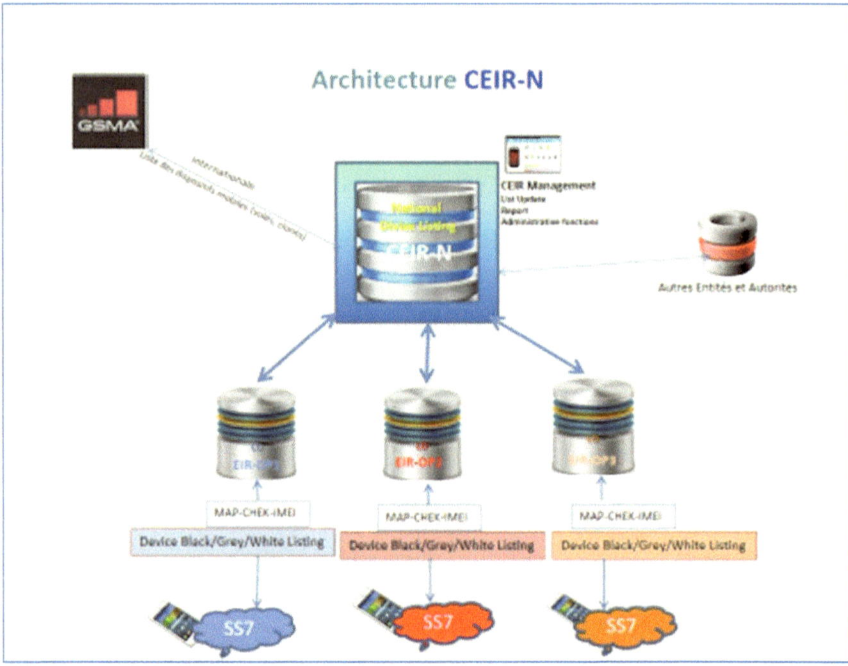

Figure 7: Modèle d'architecture du CEIR-N en Tunisie

VI.2. Description de la 2ème phase : Plan de sensibilisation

Une série de consultations doive être ouvertes entre tous les acteurs du secteur des TIC, divers organismes publics et d'autres parties prenantes, en vue de remédier aux problèmes que pose la contrefaçon des Terminaux mobiles pour les professionnels du secteur et l'économie dans son ensemble. A l'issue de ces consultations, des mesures concrètes doivent être approuvées et prises en considérations pour faire face à ce problème.

Les consultations entre les professionnels du secteur des TIC et divers organismes publics doivent également permettre de résoudre les problèmes que pose la contrefaçon des téléphones mobiles pour les entreprises et l'économie dans son ensemble.

Au nombre des mesures à adopter, figure l'organisation d'une campagne de sensibilisation du public destinée à informer les abonnés, notamment sur :

- des effets négatifs et dangereux desdits fléaux de vols et de la contrefaçon desdits Terminaux mobiles ;
- de la solution technologique pour pouvoir lutter contre tous ces fléaux et permettant de bloquer tous Terminaux mobiles contrefaits sur les réseaux mobiles Tunisien ;
- des services web et des numéros ou codes spécifiques à la disposition de public pour déterminer si les combinés mobiles qu'ils possèdent ou à acheter sont authentiques ou non.
- Etc.

Il est conseillé aux consommateurs de vérifier immédiatement si leurs téléphones mobiles sont licites en ayant recours à l'une des solutions ou services qui seront mettre en place, ultérieurement, par le gestionnaire du système.

Par ailleurs, et selon notre écosystème, il est important de procéder étape par étape comme suit :

- Au cours de la phase de sensibilisation, il est important d'informer les consommateurs, en outre, qu'une période de grasse sera attribuée pour tous nouveaux Terminaux mobiles non homologués ou contrefaits. Après cette période, tous nouveau terminal mobile contrefait non-régularisé (c.-à-d., non-homologué) se verra refuser l'accès à tous les réseaux mobiles.

- Et qu'après la mise en place du système central CEIR-N, et aussi, après une période, qui sera déterminée toujours par le Ministère ou le régulateur, tous les téléphones mobiles contrefaits, y compris ceux pour lesquels un abonnement a déjà été souscrit auprès d'un opérateur de réseau, seront déconnectés.

Avec un CEIR-N opérationnel, les abonnés mobiles Tunisien sont tenus de vérifier la légalité de leurs téléphones mobiles et les appareils correspondants. La procédure est toutefois simple et s'effectue via un SMS. En cas d'appareil illégal, un SMS sera transmis au propriétaire pour l'aviser de la situation. L'utilisateur a jusqu'au une date, qui sera fixée par le Ministère ou le régulateur, pour remplacer l'appareil illégal par un modèle conforme. A cette date, tous les téléphones contrefaits seront « black listés » et n'auront plus accès aux réseaux locaux.

VII. Spécifications des processus selon les cas des Terminaux mobiles

VII.1 Cas général

Avant de pouvoir enregistrer le terminal mobile, le MSC/VLR ou le MME/SGW[12] , selon le système du réseau, doit procéder à certaines vérifications sur la validité de l'identité de l'usager (IMSI) et l'identité du terminal (IMEI). La vérification de l'identité de l'usager s'effectue à travers la procédure d'authentification.

---

12 MME (Mobility Management Entity)/ SGW (Serving Gateway)

Les données permettant l'authentification sont préalablement demandées au HLR par le MSC/VLR. A travers le message (MAP_SEND_AUTHENTICATION), [10] [14].

La vérification de l'identification du mobile est une procédure optionnelle pour les opérateurs, d'après le standard GSM, mais il est nécessaire lors de la mise en place d'un CEIR central. Sur demande du MSC, le terminal fournit son IMEI. L 'EIR, interrogé par le MSC via le message MAP_CHECK_IMEI indique dans le message de retour, de la part de l'EIR, en absence d'un système centrale (CEIR), si le terminal identifié, fait ou non, partie de la liste des équipements mobiles interdits (Liste noire), sinon c'est le central qui répond. Une fois les vérifications d'identités effectuées, le MSC/VLR peut procéder à l'inscription du mobile auprès du réseau.

Le MSC/VLR informe le HLR de l'enregistrement du mobile dans sa base de données via le message MAP_UPDATE_LOCATION. En retour, le HLR transmet au MSC/VLR les caractéristiques de l'abonnement souscrit par l'usager à travers le message MAP-INSERT-SUBSCRIBER-DATA. Ces informations seront utilisées ultérieurement par le MSC/VLR lorsque l'usager souhaitera établir ou recevoir un appel téléphonique.

VII.2. Cas des Terminaux mobiles volé ou perdu

Les numéros IMEI des Terminaux déclarés volés sont enregistrés par le CEIR-N dans la « liste noire » à la demande des autorités chargées de l'application de la loi (Services de la Police National, SPN), ce qui prive de tout intérêt le vol de Terminaux mobiles. Même procédure pour le verrouillage du terminal, à la demande des propriétaires de téléphones perdus. Les opérateurs de réseaux ne fournissent aucun service aux terminaux inscrits sur la liste "noire".

D'une autre manière plus claire, si un terminal mobile (téléphone mobile, tablette) a été volé ou perdu par son possesseur, il suffit qu'il prend l'initiative de déclarer ceux-ci aux SPN. Puis, soit ces derniers transmettent cette déclaration directement, par voie électronique ou manuelle au service de Management du système central CEIR-N pour qu'elle soit enregistrée, dans un premier temps et durant une période d'investigation, dans une liste appelé « suspendu » avec la possibilité de lui fournir encore le service de communication mobile de son opérateur cela, afin de pouvoir géolocaliser le terminal mobile volé ou perdu. Ceci peut être réalisé par le service technologique LBS[13] (Location-Based Services). Rappelant que la base de données du système CEIR-N est synchronisée, en temps réel, avec tous les EIR des opérateurs.

Si au bout de ce temps d'investigation, le système CEIR-N n'a pas reçu aucune réponse ou confirmation indiquant que ce terminal est trouvé et rendu à son possesseur d'origine, il sera

[13] LBS : technique de localisation GSM pour situer un terminal mobile. Schématiquement, il consiste à mesurer le temps de réception d'un signal par des stations GSM dont les positions sont connues, puis à évaluer en fonction de ces mesures le positionnement du terminal émetteur-récepteur par une opération de trilatération

immédiatement inscrit dans la liste noire et il sera interdit de lui fournir aucun service de communication sur le réseau mobile nationale Tunisien.

VII.3. Cas des Terminaux mobiles non-homologué ou contrefaits

Lors de la première connexion au réseau d'un opérateur, le triplet (IMEI/ IMSI/MSISDN) du terminal mobile (à l'exception de celui qui est en mode itinérance internationale) est transférer en temps réel à la base de données du système CEIR-N.

Le CEIR-N vérifie si le numéro IMEI de ce terminal figure ou non dans la "liste blanche". Si ce dernier ne figure pas, à ce moment-là, ce numéro IMEI est enregistré dans la "liste grise". Le propriétaire de ce terminal mobile concerné sera informé, par SMS, que son terminal risque d'être verrouillé dans un délai (ex. 3 mois) qui sera fixé ultérieurement par le Ministère ou le Régulateur lors de l'implémentation dudit système.

A l'expiration de ce délai, le numéro IMEI est transféré de la "liste grise" à la "liste noire".

Mais, si durant ce délai le propriétaire confirme par un certificat de conformité ou par autres justifications valables et cela à travers, soit par son opérateur ou par l'organisme d'homologation (CERT) ou autres…, que son terminal a été importé légalement, et si légalité de l'importation est confirmée, le CEIR-N transfère ce numéro IMEI de la "liste grise" à la "liste blanche". Au terme de cette procédure, les opérateurs mobiles fourniront, sans délai, les services de télécommunications audit terminal mobile.

Concernant l'achat d'un nouveau terminal mobile et pour éviter tout conflit (ex. arnaque du marché parallèle,…), il suffit de vérifier son homologation ou sa conformité en appelant un « numéro court national » qui sera identifier et attribuer spécialement à ce service par le régulateur nationale INTT, ou même en envoyant un SMS, contenant son IMEI, directement au CEIR-N pour avoir la réponse (Modèle du T_M et son statut d'homologation, etc.) immédiate.

L'objectif de la protection des consommateurs est atteint grâce à la mise en œuvre de l'outil qui permet à un consommateur de vérifier aisément si un terminal mobile est licite avant de l'acheter.

Tout consommateur peut vérifier le statut de l'IMEI de son terminal mobile en envoyant un SMS avec ce numéro d'IMEI au « numéro cout national ", ou en utilisant le portail Internet spécifié à ce système CEIR-N. Il suffit de quelques secondes pour procéder à cette vérification.

Rappelant que tous les IMEI des Terminaux mobiles figurant sur la "liste noire" ne sont pas desservis par les opérateurs (refus d'enregistrement dans le réseau, sauf (peut-être) pour les appels d'urgence ou autres). Une connexion avec le réseau d'un autre opérateur ne modifie pas le statut du terminal mobile inscrit sur la "liste grise" ou la "liste noire".

L'utilisation d'un T_M, qui n'est pas homologué est illégale vis-à-vis au code des télécommunications Tunisien.

Le CEIR-N devrait être capable d'utiliser effectivement la structure de l'IMEI pour pouvoir identifier les types et modèles des T_M qui ne sont pas approuvés ou homologués.

VII.4 Cas des Terminaux apportés de l'étranger

Au moment ou un utilisateur (USR) GSM/UMTS/LTE tente d'accéder au réseau des télécommunications mobile Tunisien, via son terminal mobile dit étranger « soit acheté ou ramené de l'étranger », l'EIR de l'opérateur reçoit automatiquement, de son MSC ou SGSN ou MME, selon le système du réseau, une demande, par le message (MAP_Check_IMEI)[14] , de vérification de numéro de l'identité (IMEI) de ce terminal mobile, [18].

L'EIR attribue un message au CEIR-N contenant un triplé d'information (MSISDN/IMSI/IMEI) concernant respectivement, l'identifiant de l'abonné, l'identifiant de la carte SIM et l'identité du terminale mobile.

Le moment ou le CEIR-N reçoit ce message de triplet, les processus de spécification et de vérification pour le cas de contrefaçon, ainsi que pour de cas de vol ou de perte des Terminaux mobiles se lance automatiquement pour donner ou non une suite favorable à l'établissement d'appel (soit (Ok) ou refus (Nok)), à l'utilisateur qui a demandé l'accès au réseau des télécommunications Tunisien.

Après lancement de ces deux processus de spécification et de vérification de l'état ou statut de l'IMEI de ce mobile apporté de l'étranger, le CEIR-N le déclare comme terminal mobile conforme temporairement. Ensuite, il demande aux EIR des opérateurs de le classer dans leurs listes suspendus en lui attribuant une période de grasse, durant laquelle, il envoie un message à la base de données internationale GSMA en lui demandant de vérifier l'état de ce IMEI, que ce soit (terminal mobile déclaré volé, perdu ou même de la contrefaçon).

Ce message envoyé à la base de données internationale GSMA[15], contient l'information de triplet complète de ce terminal dit étranger.

Durant cette période, ce terminal mobile continu à se connecter normalement au réseau des télécommunications Tunisien.

Entre temps :

---

[14] MAP_CHECK_IMEI : Ce service est utilisé entre le MSC et l'EIR et entre le SGSN et l'EIR afin de demander la vérification de l'IMEI.

[15] **GSM Association** (GSMA) est une association qui représente 850 opérateurs de téléphonie mobile à travers 218 pays du monde. De plus, elle compte parmi ses membres 200 fabricants et autres industriels du secteur travaillant sur la famille des standards de réseau mobile définis par le 3GPP : GSM et dérivés (Edge), UMTS (WCDMA) et LTE.

- Si le CEIR-N reçoit un message favorable de l'état de l'identité IMEI de ce terminal, cela dit que ce dernier n'est ni contrefait ni déclaré voler ni perdu, ni même un terminal contrefait dans la base de données du GSMA. A ce moment-là, le CEIR-N demande aux EIR de garder l'IMEI de ce mobile étranger toujours dans la liste de suspension en lui accordant encore une période ou un délai supplémentaire, pour pouvoir régler sa situation au niveau de la réglementation nationale Tunisienne concernant le payement des taxes fixe ou forfaitaire (ex. 10 ou 20 Dt ou autres) et cela, à travers une application numérique se trouvant sur le site de régulateur ou de gouvernement ou autres.

  - Si au bout de cette période ou délai supplémentaire, le CEIR-N reçoit un message de la part de l' entité de gestion de CEIR-N, ou de l'opérateur de l'abonnée de ce terminal mobile étranger ou autres, indiquant que ce dernier a bien payer la somme des taxes fixe citée ci-dessus. Le CEIR-N demande aux EIR de rendre son identité IMEI conforme en le remettant de nouveau de la liste suspendu à la liste blanche.

  A ce moment-là, ce terminal mobile apporter de l'étranger identifier conforme et homologué, continu normalement à accéder le réseau des télécommunications Tunisien.

  - Si, la période ou délai supplémentaire, est dépassée ou terminée et le CEIR-N n'a pas reçu aucune information, ni de la part de l'entité de gestion ni de l'opérateur de l'abonnée, indiquant le payement de la somme relative aux taxes fixée, cependant, le CIER le considère définitivement non conforme et demande aux EIR de le classer dans la liste noire et de lui interdire ou de lui refuser complétement l'accès au réseau des télécommunications Tunisien.

- Si, le CEIR-N reçoit un message défavorable ou non conforme (contrefait ou volé ou perdu) de la part du GSMA, par rapport à l'identité IMEI de ce terminal étranger ou même si la période de grasse est expirée, c.-à-d. que le CEIR-N n'a reçu aucun message d'information sur sa demande auprès du GSMA.

  Cependant, le CIER-N le considère définitivement non conforme et demande aux EIR des opérateurs de le classer dans la liste noire et de lui interdire ou de lui refuser complétement l'accès au réseau des télécommunications Tunisien.

VIII. Perspectives & Conclusions

La contrefaçon est un phénomène de plus en plus préoccupant qui a des incidences sur une gamme toujours plus large de produits. Dans le secteur des TIC, les Terminaux mobiles et en particuliers les téléphones mobiles constituent une cible de choix, puisqu'environ 250 millions de téléphones mobiles de contrefaçon se vendent chaque année, ce qui représente près de 15% à 20% du marché mondial.

La contrefaçon a non seulement des conséquences économiques évidentes pour les fabricants de produits authentiques (dépréciation de la marque, manque à gagner, atteinte aux droits d'auteur ou concurrence déloyale). Les contrefacteurs échappent au paiement de l'impôt, ce qui impose un surcoût pour assurer les services d'homologation et de la conformité à la législation nationale applicable. Ainsi, il devient nécessaire de réagir aux menaces qui pèsent sur la sécurité publique et les pertes d'emploi qui sont importantes, sans parler des risques pour la santé, la sécurité et la vie privée des consommateurs, des aspects liés à la sécurité publique et des incidences négatives pour les opérateurs de réseaux (baisse de la qualité de service, risques de brouillages, problèmes de compatibilité électromagnétique et interruption du réseau, etc.).

L'utilisation des téléphones mobiles en Tunisie, ainsi que dans le monde entier, loin d'être un luxe, est aujourd'hui une nécessité, comme en atteste l'accroissement du nombre d'abonnés, qui s'élève actuellement à environ à 7.4 Milliards dont presque 15 millions en Tunisie. Cependant, la mise en œuvre de services de communication mobiles se heurte aux fléaux ou aux problèmes du vol et de la contrefaçon des Terminaux mobiles (Smartphones, tablettes, IPhones…), ainsi que de l'augmentation du nombre d'autres types de délits commis à l'aide desdites T_M, ce qui fait peser des risques considérables sur la sécurité nationale, la santé publique, les taxes et la fiscalité, la QoS du réseau mobile, etc..

Auparavant, lorsqu'un téléphone mobile déclarait volé ou perdu, la personne informe son opérateur mobile en appelant le centre d'appel du fournisseur de services. A ce moment-là, l'identité de l'abonné est vérifiée et authentifiée et la carte SIM appartenant au réseau particulier est bloquée par l'opérateur ou le fournisseur de services, ce qui garantit que la connexion mobile de cet abonné particulier n'est pas utilisée de manière abusive. Puis, ce fournisseur lui offre, également, une autre carte SIM. Avec ce type de procédure, il n'y avait aucune disposition pour suivre le combiné mobile et le conserver. La récupération du combiné mobile volé ou perdu était presque impossible.

À mesure que la pénétration des Terminaux mobiles (Smartphones, IPhones,…) augmente partout dans le monde, le phénomène de vol et perte de ces Terminaux a considérablement accélérer. Il faut donc, développer davantage la procédure appliqué auparavant en bloquant carrément le téléphone mobile volé ou perdu et d'essayer de géolocaliser le voleur afin de pouvoir récupérer le téléphone et de lui rendre au possesseur d'origine.

Pour résoudre ce problème, plusieurs régulateurs des différents pays ont décidé d'obliger, chaque opérateur mobile de leurs pays, d'installer obligatoirement dans leur système réseau, l'équipement EIR capable d'enregistrer les IMEI de tous les Terminaux mobiles sur leur réseau, et de pouvoir rejeter tous les IMEI illicites, ainsi que de pouvoir garder une trace de tous les combinés mobiles verrouillés ou bloqués sur leur réseau.

En outre, il y avait beaucoup de téléphones portables qui sont entrés sur leur marché sans avoir de numéros IMEI ou IMEI avec des zéros ou erronés ou clonés ou autres types de Terminaux mobiles illégales et donc des difficultés à tracer ces combinés mobiles.

De ce fait, il s'avère qu'il y avait beaucoup de problèmes techniques et administratifs pour bloquer le nombre important des IMEI des Terminaux mobiles déclarés volés ou perdu.

Selon ce modèle, si l'abonné perd son combiné, le fournisseur de services bloque l'IMEI de ce combiné dans son propre réseau pour rendre le combiné inutile et ne peut pas être utilisé par le voleur. Mais si le voleur change la carte SIM, le combiné mobile peut utiliser un autre réseau dans lequel l'IMEI de ce combiné n'est pas marqué bloqué, ce qui donne au voleur un accès autorisé au réseau [4]. Ces problèmes se produisaient continuellement dans le passé.

Cependant, le modèle appliqué par les régulateurs de ses pays en prévoyant l'installation de l'équipement EIR dans chaque système réseau de l'opérateur mobile, a observé des limites et ne répond pas parfaitement et d'une façon générale, aux besoins nationaux pour pouvoir généraliser la lutte contre ces fléaux de vol et de la contrefaçon des Terminaux mobile sur leur réseau mobile national.

A cet effet, ils ont proposé un nouveau modèle qui comprend un registre ou une base de données central d'identité d'équipement mobile, CEIR, qui comprendra tous les numéros IMEI des abonnés du réseau mobile national. Depuis, la plus part de ces pays ont déployé ces systèmes CEIR.

Toutefois, le CEIR est interconnecté avec tous les EIR des opérateurs mobile en place. Comme toutes les informations (listes blanche, grise, noire et autres) des Terminaux mobiles sont stockées dans la base de données du système CEIR, elles sont périodiquement échangés et mises à jour dans tous les EIR de leur réseau mobile. Dans ce cas, même si le voleur insère une nouvelle carte SIM d'un réseau différent, il ne pourra pas se connecter à ce réseau.

Concernant notre pays, et pour bien parer à ces menaces, l'Etat Tunisien, à travers ses organes compétents, a procédé, depuis janvier 2017, de tracer un plan stratégique en vue de trouver une solution durable à ces problèmes.

Pour ce faire, une série de consultations a été lancée avec tous les opérateurs mobiles, les constructeurs, l'organisme d'homologation, la chambre syndicale nationale des commerçants de téléphonie mobile et de la technologie numérique en Tunisie, qui défend presque 2500 boutiques en Tunisie réparties sur l'ensemble de territoire, et même aussi avec les distributeurs des Terminaux mobiles de la place, etc.

Au cours de ces consultations, il a été noté que le plan stratégique devra constituer deux phases, comme s'était d'écrit ci-dessus :

- **Phase n°1** portant sur tous les travaux (études, benchmark international, workshops, série des réunions, spécifications techniques, cahier des charges, etc.) jusqu'à la mise en place d'un système central national de référence d'identification des équipements terminaux mobiles (téléphones mobiles, Smartphones, tablettes), CEIR-N.

- **Phase n°2**, peut être lancée en amont ou en parallèle, concernant le plan de sensibilisation des consommateurs de ces fléaux de vol et de la contrefaçon desdites Terminaux mobiles sur notre marché. Cette phase pourra être renforcée par une consultation publique, par la coopération étroite des opérateurs en indiquant sur les factures des clients, des consignes à éviter pour l'achat ou l'utilisation des Terminaux mobiles illicites ou non-homologués, ainsi que, par l'aide des médias, journaux, affiches, publicités…afin de diffuser, au maximum possible, l'information au publique.

Ce CEIR-N devra offrir un moyen de faire face aux problèmes de ces fléaux. Ce système pourra vérifier l'IMEI de chaque terminal mobile ayant accès ou non au réseau mobile tunisien, et de classer ces IMEI dans les listes correspondantes (blanche, grise, noire ou autres) et cela, selon le statut de chaque terminal mobile.

D'après les expériences des autres pays qui ont déployé des systèmes centraux analogues afin de pouvoir lutter contre ces fléaux de vol et de la contrefaçon, leurs marchés des Terminaux mobiles illicites et illégaux ont considérablement reculés. Ainsi, ils ont enregistré des augmentations exponentielles de leurs recettes fiscales provenant des droits de douane à l'importation des Terminaux mobiles, etc.

Avec la désactivation de tous les Terminaux mobiles illégaux en Tunisien, le régulateur favorisera, évidemment, l'achat des téléphones mobiles authentiques et totalement fonctionnels qui offrent un excellent rapport qualité/prix aux abonnés.

Références

[1] http://www.mmfai.org/public/docs/eng/MMF%5FCounterfeitPhones%5FEN%2Epdf.

[2] http://www.gsma.com/managedservices/mobile-equipment-identity/the-imei-database/accessing-the-imei-database/.

[3] Rapport technique, UIT-T, 21 novembre 2014.

[4] http://spotafakephone.com//docs/eng/MMF_CounterfeitPhones_EN.pdf.

[5] RÉSOLUTION 97 (Hammamet, 2016) Lutter contre le vol de Terminaux de télécommunication mobiles (Hammamet, 2016.

[6] L'impact économique de la contrefaçon et du piratage, OCDE, juin 2008.

[7] http://www.oecd.org/sti/ind/44088872.pdf.

[8] http://www.icc-ccs.org/icc/cib.

[9] Estimating the global economic and social impacts of counterfeiting and piracy. http://www.iccwbo.org/uploadedFiles/BASCAP/Pages/Global%20Impacts%20-%20Final.pdf.

[10] Mobile cellular subscriptions, World Bank,http://data.worldbank.org/indicator/IT.CEL.SETS.P2, Accessed March 23, 2015.

[11] Mobile Phone Theft, Office of National Statistics, UK, http://www.ons.gov.uk/ons/dcp171776_309 652.pdf, pub. Mar. 9, 2013, accessed March 30, 2015.

[12] Mobile Industry Crime Action Forum, http://www.micaf.co.uk/home.asp?Page_Inf o=12, accessed March 20, 2015.

[13] Information and Communication Technologies Authority (ICTA), http://www.mcks.gov.tr/en/KonuDetay.php? BKey=46, accessed March 20, 2015.

[14] "3GPP TS 22.016 : International Mobile Equipment Identities (IMEI)" (ZIP/DOC ; 36 KB). 2009-10-01. Retrieved 2009-12-03.

[15] "Phone firms defend security record". BBC News. January 8, 2002. Retrieved Aug. 25, 2011.

[16] GSM Europe, "GSME proposals regarding mobile theft and IMEI security", 2003-06

[17] Mobile Telephones (Reprogramming) Act 2002. Legislation.gov.uk. Retrieved on 2013.

[18] FAQs on mobile security. Amta.org.au. Retrieved on 2013-09-18.

[19] Carriers to allow Customers to Brick Stolen Phones by Shani Hilton, Apr. 10, 2012, Washington City Paper

[20] Wireless carriers partner with FCC, police on database of stolen cell phones. The Washington Post (2011-02-28). Retrieved on 2013-09-18.

[21] GSM Association, IMEI Allocation and Approval Guidelines, Version 5.0, 2010-09-01, chapter 2.1.5 vs. D.1.6

[22] TRAI, "TELECOM REGULATORY AUTHORITY OF INDIA -Highlights of Telecom Subscription Data as on 31st January, 2015," Telecom Regulatory Authority of India, DATA 18 / 2015, 2015.

[23] TRAI, "TRAI Consultation Paper on issues relating to blocking of IMEI for lost/ stolen mobile handsets," Telecom Regulatory Authority of India, Consultation paper 14/2010, Aug. 2010.

[24] Analyzing Central Equipment Identity Register (CEIR) Model for Mobile Handset Tracking in India, Indian Journal of Scientific Research-April 2016.

[25] Automatic Device Detection and Central Equipment identification Registration System, n-soft, http://studylib.net/doc/1012729/technical-description-of-the-automatic-device-detection

[26] [Solution for screening the theft handsets and tracking the missing ones, Electronic Det-Engineering College –Sudan University for science and Technology, IJCTA/Mar-Apr 2015.

[27] Code des Télécommunications et ses textes d'applications, République Tunisienne, 2016

Bibliographies

[28] Videocom Telecom, "Videocom response on Consultation Paper on issues relating to blocking of IMEI for lost/stolen mobile handsets," Videocom, 2010.

[29] TTSL, "TTSL response on Consultation Paper on issues relating to blocking of IMEI for lost/stolen mobile handsets," TATA Teleservices Ltd, 2010.

[30] Airwide, "Airwide response on Consultation Paper on issues relating to blocking of IMEI for lost/stolen mobile handsets," 2010.

[31] AMTA, "Australian Mobile Telecommunications Association IMEI blocking Graph." 2011.

[32] Ericsson, "Ericsson response on Consultation Paper on issues relating to blocking of IMEI for lost/stolen mobile handsets," EIL/B-10:0219, 2010.

[34] Telecordia, "Telecordia response on Consultation Paper on issues relating to blocking of IMEI for lost/stolen mobile handsets," 2010.

[35] AUSPI, "AUSPI response on Consultation Paper on issues relating to blocking of IMEI for lost/stolen mobile handsets," Association of unified telecom service providers of India, AUSPI/12/20, 2010.

[36] MSAI, "MSAI response on Consultation Paper on issues relating to blocking of IMEI for lost/stolen mobile handsets," mobile standard alliance of India, 2010.

Glossaires

T_M : Terminal Mobile

IMEI : International Mobile Equipment Identity

IMSI : International Mobile Subscriber Identity

MSISDN : Mobile Station International Subscriber Directory Number

GSMA : La GSM Association

MSC : Mobile services Switching Center ou Mobile Switching Center

VLR : Visitor Location Register

HLR : Home Location Register

CEIR : Central Equipment Identity Register

EIR : Equipment Identity Register

CERT : Centre d'Etudes et de Recherche des Télécommunications

SPN : Service de Police National

Annexe

Pays	Règlements	Mise en place	Nom du système	Système CEIR Détenu et gérer par	Liste de base	OBJCTIFS	Références
Azerbaïdjan		2013	Le système d'enregistrement des Terminaux mobiles (MDRS	Ministère TIC	Liste Blache (LB) de tous les IMEI	-Empêcher l'importation de Terminaux de mauvaise qualité et d'origine inconnue qui ne satisfont pas aux normes techniques requises -Empêche l'utilisation des Terminaux mobiles perdus ou volés ainsi que ceux qui sont importés illégalement dans le pays.	http://www.rabita.az/en/c-media/news/details/134
Brésil	En vertu du règlement applicable aux services mobiles les opérateurs ne doivent admettre sur leurs réseaux que les Terminaux certifiés	2012- 2014	SIGA Système Intégré de Gestion des Terminaux	ABR Telecom (Association technique)	LB	Freiner l'utilisation des Terminaux mobiles non certifiés, volontairement altérés ou dont les numéros IMEI ont été clonés.	http://legislacao.anatel.gov.br/resolucoes/2007/9-resolucao-477.
Colombie	Décret 1630	2011		Régulateur	LB	Création deux types de bases de données centralisées : la première comporte un registre des numéros IMEI de terminaux ayant fait l'objet d'une déclaration de vol ou de perte, qui vise à en empêcher l'utilisation ou l'activation, et la seconde comprend un registre dans lequel sont consignés les numéros IMEI des terminaux importés ou fabriqués légalement dans le pays et associés à un numéro d'identification du propriétaire ou de l'abonné.	http://www.gsma.com/latinamerica/wp-content/uploads/2012/05/Final-CITEL-Resolution-on-Handset-Theft.pdf.
Egypte		2010	CEIR	Régulateur (NTRA)		-Limiter l'utilisation des combinés dotés de numéros illicites, faux, non valables et clonés, -Lutter contre le vol de combinés et à répondre aux préoccupations en matière de santé et de sécurité.	http://www.itu.int/ITU-D/tech/events/2012/CI_ARB_AFR_Tunis_November12/CI_Forum_Tunis_2012_Report.pdf.
Indonésie	décret N° 81/2012 du Ministère de l'industrie et du décret N° 82/2012 du Ministère du commerce.	2013			LB	Imposant des procédures techniques et des normes à respecter, des restrictions à la distribution ainsi que des restrictions portuaires, des mesures de contrôle avant expédition ainsi qu'une obligation de pré-enregistrement de numéros IMEI avant l'importation	http://trade.ec.europa.eu/doclib/docs/2013/september/tradoc_151703.pdf.

Kenya	la Loi de 2010, tous les combinés téléphoniques mobiles doivent être homologués par la Commission avant d'être raccordés aux réseaux publics	2011- 2012	CEIR	Régulateur	LB	Protéger le public contre les effets négatifs que peuvent avoir les téléphones mobiles de contrefaçon ou de qualité médiocre, notamment sur le plan technique et économique et sur celui de la santé et de la sécurité.	http://www.cofek.co.ke/CCK%20Letter%20to%20Cofek%20-%20Counterfeit%20phone%20switch-off%20threat.pdf.
Rwanda		2013	CEIR	Régulateur (RURA)	LB	Interdire l'importation de Terminaux mobiles contrefaits, sans toutefois bloquer les Terminaux de contrefaçon déjà en service	http://www.newtimes.co.rw/news/views/article_print.php?i=15290&a=64650&icon=Print.
Sri Lanka		2013	CEIR	Régulateur (TRCSL)	LB	Réduire l'importance du marché de la contrefaçon de téléphones mobiles, de décourager le vol de téléphones mobiles et de protéger les intérêts des consommateurs	http://www.trc.gov.lk/images/pdf/eoi_ceir_07032013.pdf.
Turquie	Loi sur les radiocommunications	2006	CEIR	Régulateur (ICTA)	LB	Freiner l'importation illégale de Terminaux et déconnecter du réseau hertzien les Terminaux entrés en contrebande, perdus ou volés, ou encore ceux portant des numéros IMEI clonés	https://www.icta.mu/mediaoffice/publi.htm.
Ouganda		2013	Projet	Régulateur (UCC)	LB		http://ucc.co.ug/data/mreports/
Ukrania	Loi avec des mesures règlementaires supplémentaires	2009	système automatique (AISMTRU)	Régulateur (NCCIR)	LB	lutter contre le vol et la contrefaçon des téléphones mobiles	
Tanzanie		2014	CEIR/ADD	Régulateur (TCRA)	LB	lutter contre le vol et la contrefaçon des téléphones mobiles	
Inde		2009	CEIR	Régulateur	LB		
Nigéria		2014	CEIR	Régulateur	LB		
Zambia		2014	CEIR	Régulateur	LB		
Cameroun		2016	CEIR	Régulateur	LB		
....							